镍基高温合金的热腐蚀
钽和铼的作用研究

常剑秀 著

中国石化出版社

内　容　提　要

本书介绍了镍基单晶高温合金的氧化行为和热腐蚀行为。详细介绍了高温合金的氧化机制、热腐蚀机制、热腐蚀热力学、热腐蚀实验方法以及合金元素对氧化行为和热腐蚀行为的影响，系统描述了难熔元素含量（钽、铼）和温度对镍基单晶高温合金热腐蚀行为的影响，进一步充实了抗热腐蚀高温合金的成分设计理论，为发展低成本高强度抗热腐蚀单晶高温合金提供了科学依据。

本书可供材料科学与工程、高温腐蚀与防护等相关专业工程技术人员参考。

图书在版编目(CIP)数据

镍基高温合金的热腐蚀：钽和铼的作用研究／常剑秀著．—北京：中国石化出版社,2020.2
ISBN 978-7-5114-5686-1

Ⅰ.①镍…　Ⅱ.①常…　Ⅲ.①镍基合金-高温腐蚀-研究　Ⅳ.①TG146.1

中国版本图书馆CIP数据核字(2020)第022976号

中国石化出版社出版发行

地址:北京市东城区安定门外大街58号
邮编:100011　电话:(010)57512500
发行部电话:(010)57512575
http://www.sinopec-press.com
E-mail:press@sinopec.com
北京艾普海德印刷有限公司印刷
全国各地新华书店经销

*

850×1168毫米32开本4.375印张153千字
2020年4月第1版　2020年4月第1次印刷
定价:38.00元

前　言

镍基单晶高温合金因其优异的高温力学性能、良好的长期组织与性能稳定性以及优异的抗热腐蚀性能，广泛应用于大型地面燃气轮机。燃气轮机工况复杂，所用燃油清洁度较低，由熔融硫酸钠(Na_2SO_4)及氯化钠(NaCl)导致的热腐蚀是叶片材料的主要损伤机制之一。因此，燃气轮机一般采用抗热腐蚀性能优异的抗热腐蚀高温合金作为叶片材料。近年来，为了提高燃气轮机热效率，涡轮前进气温度不断提高，当前最先进的G/H级燃气轮机的进气温度高达1550~1600℃，对叶片材料的承温能力(高温强度)有了更高要求。通过采用先进冷却结构、热障涂层及定向凝固工艺所能实现的叶片承温能力提升已不能满足发展需要。因此，深入研究合金元素对热腐蚀行为的影响，通过合金化来提高抗热腐蚀单晶合金的承温能力显得十分重要。

目前所发展的抗热腐蚀高温合金一般采用较高的铬(Cr)(质量分数≥12%)来获得良好的抗热腐蚀性能。高温下生成的Cr_2O_3能优先与熔盐中的O^{2-}反应，稳定熔盐碱度，提高合金的热腐蚀抗力。但Cr的固溶强化效果较小，且高的Cr含量限制了其他固溶强化元素的添加，否则合金中将析出有害相，反而恶化合金的承温能力。要想高强度和抗热腐蚀性能二者兼得，就必须寻找能同时提高合金的抗热腐蚀性能和力学性能的元素。难熔元素(Mo、W、Ta、Re)可以大幅度提高合金的高温力学性能，期望通过增加难熔元素来提高抗热腐蚀合金的力学性能，首先必须澄清这些难熔元素对合金热腐蚀行为的影响和作用机制。

Mo、W 对热腐蚀性能的影响和机理已有大量研究，Mo 和 W 在热腐蚀条件下易生成挥发性的$(Mo, W)O_3$或液态的$Na_2(Mo, W)O_4$，引起酸性熔融反应，恶化合金的抗热腐蚀性能。目前，有关 Ta 和 Re 对单晶合金抗热腐蚀性能影响的研究非常有限，因此，了解它们对热腐蚀性能的影响及其作用机理是设计高强抗热腐蚀单晶高温合金的关键。笔者以高速凝固法所制备的镍基单晶高温合金为载体，系统研究了不同 Ta 和 Re 含量的镍基单晶高温合金在 750℃、900℃ 和 950℃ 时的抗Na_2SO_4热腐蚀行为，对比分析了 Ta 和 Re 对合金热腐蚀行为的影响及作用机理。所得结论进一步充实了抗热腐蚀高温合金的成分设计理论，为发展低成本高强度抗热腐蚀单晶高温合金提供了科学依据。

本书共分为 4 章。第 1 章介绍了抗热腐蚀高温合金的发展和成分特点、高温合金的氧化机制、热腐蚀机制、热腐蚀热力学、热腐蚀实验方法以及合金元素对氧化行为和热腐蚀行为的影响。第 2 章介绍了实验合金的制备方法、成分检测方法、热处理制度、热腐蚀性能测试方法以及显微组织表征方法。第 3 章系统介绍了不同 Ta/Cr 含量(质量分数)及温度对热腐蚀行为的影响及作用机制。第 4 章讲述了 Re 含量及温度对热腐蚀行为的影响和作用机制。

本书在撰写过程中，得到了中国科学院金属研究所楼琅洪研究员、张健研究员和王栋副研究员的指导和大力支持，对他们付出的辛勤劳动表示感谢。同时，本书参考了大量国内外有关教材、科技著作和学术论文，在此特向有关作者表示感谢。

本书的出版得到了西安石油大学优秀学术著作出版基金资助，并获得国家自然科学基金青年科学基金项目（No. 51901179）、陕西省自然科学基础研究计划青年项目（No. 2018JQ5198）、西安石油大学青年科研创新团队“能源新材料与器件设计和研制”（2019QNKYCXTD13）、西安石油大学“材料科学与工程”省级优势学科的资助。

由于笔者学识水平有限，疏漏和不妥之处在所难免，敬请读者和同行批评指正。

目　　录

第1章　概述……………………………………………… 1

1.1　引言 …………………………………………………… 1

1.2　抗热腐蚀镍基高温合金 …………………………… 2

1.3　镍基高温合金的氧化行为 ………………………… 6

1.4　镍基高温合金的热腐蚀行为……………………… 11

1.5　高强度抗热腐蚀高温合金………………………… 27

第2章　实验材料与实验方案 ………………………… 31

2.1　母合金冶炼………………………………………… 31

2.2　单晶试棒制备……………………………………… 32

2.3　化学成分检测……………………………………… 33

2.4　单晶试棒热处理…………………………………… 34

2.5　热腐蚀性能测试…………………………………… 35

2.6　显微组织表征……………………………………… 35

第3章　钽对镍基单晶高温合金热腐蚀行为的影响 ……… 36

3.1　引言………………………………………………… 36

3.2　钽对低铬合金热腐蚀行为的影响………………… 37

3.3 钽对高铬合金热腐蚀行为的影响 …………………… 51
3.4 分析与讨论 ………………………………………… 69
3.5 本章小结 …………………………………………… 83

第4章 铼对镍基单晶高温合金热腐蚀行为的影响 ……… 85
4.1 引言 ………………………………………………… 85
4.2 实验合金标准热处理组织 ………………………… 86
4.3 铼对镍基单晶高温合金900℃热腐蚀行为的影响 ………………………………… 87
4.4 铼对镍基单晶高温合金950℃热腐蚀行为的影响 ………………………………… 103
4.5 分析与讨论 ………………………………………… 108
4.6 本章小结 …………………………………………… 112

参考文献 ………………………………………………… 114

第1章 概 述

1.1 引言

高温合金是指能够在600℃以上高温，承受较大复杂应力，并且具有表面稳定性的高合金化铁基、镍基或钴基奥氏体金属材料[1-3]。由于具有较高的高温强度和良好的塑性及断裂韧性，又兼具优良的疲劳性能和抗氧化与抗热腐蚀等综合性能，高温合金已广泛应用于航空、航天、能源、交通运输和石油化工等领域[4]。特别是在先进航空发动机及燃气轮机的四大热端部件(导向器、涡轮叶片、涡轮盘和燃烧室)制造方面，还没有其他材料能完全取代高温合金。高温合金显然已成为衡量一个国家材料发展水平的重要标志之一[5,6]。

高温合金按基体元素种类不同，可分为铁基、镍基和钴基高温合金三类；按合金强化类型不同，可分为固溶强化型和时效沉淀强化型高温合金，不同强化类型的合金有不同的热处理制度；按合金成型方式不同，可分为变形高温合金、粉末高温合金和铸造高温合金三类，铸造高温合金又可分为普通精密铸造多晶合金、定向柱晶合金和单晶高温合金，多晶、柱晶和单晶合金的承温能力依次不断提高[2,7-10]。

1.2 抗热腐蚀镍基高温合金

燃气轮机主要用作地面发电和海上舰船的动力装置，使用的燃料清洁度较低，或长期在海盐腐蚀环境下运行。因此，工业燃气轮机用材，特别是涡轮叶片材料，除一般要求的耐高温强度外，还要有优异的抗热腐蚀性能。由于工作环境及性能要求不同，燃气轮机和航空发动机用高温合金作为两个独立的体系，采用不同的研制思路各自向前发展，至今已发展出多种成熟的高温合金，如图 1－1 所示。

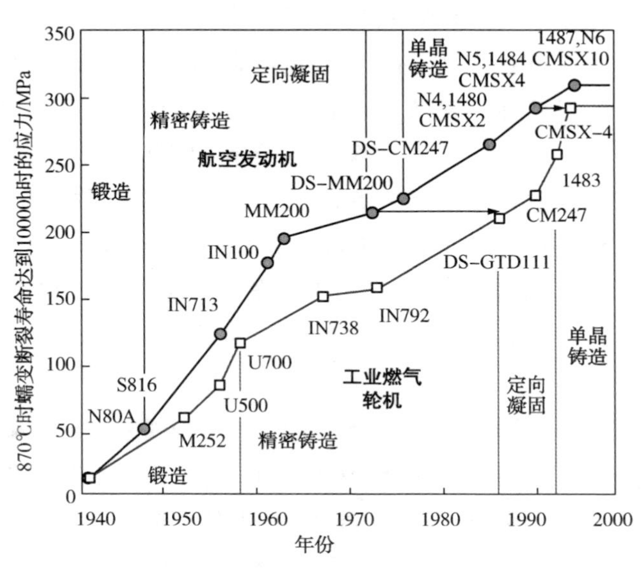

图 1－1　抗热腐蚀高温合金的发展[11]

随着燃气轮机热效率的逐年提升，燃气涡轮进口温度也逐渐升高。从1939年瑞士研制出首台发电用重型燃气轮机以来，燃机透平进口温度由550℃逐步提高到1150℃（E级）、1350℃（F级）、1430℃（G级）和1500℃（H级），未来可能达到1700℃。不断提高的涡轮进口温度对燃气轮机涡轮叶片材料的承温能力提出了更高的要求。为了适应这一发展，抗热腐蚀合金叶片在工艺和成分优化上都做了许多改进。

从工艺方面来说，气冷空心叶片及热障涂层的使用极大地降低了叶片表面温度。定向凝固工艺的发展使得高温合金由最初的多晶发展到定向以及单晶，晶界的去除大大提高了材料的高温强度，如今高效的燃气轮机上所使用的一、二级工作及导向叶片大多为定向柱晶或单晶高温合金。在成分上，抗热腐蚀高温合金也做了许多的改进，加入了更多的难熔元素。

国外典型的抗热腐蚀高温合金主要有：IN738、IN738LC、René80、IN792、GTD－111、GTD－222（多晶合金），DS GTD－111、DS GTD－444、Siemet2和DS MGA1400（定向合金），PWA1483、CMSX－11B、CMSX－11C（单晶合金）；国内的牌号主要有：K438、K438G（多晶合金），DZ438G、DZ411、DZ468（定向合金），DD408、DD410（单晶合金）。它们的成分如表1－1和表1－2所示。

IN738合金是国外应用最广的抗热腐蚀高温合金，自从20世纪60年代研制成功以来，在燃气轮机上获得了广泛的应用，后来的很多抗热腐蚀高温合金或多或少都参考了IN738合金的设计，其优异的抗热腐蚀性能已成为后来抗热腐蚀高温合金的参照标准[12]。GTD－111[13]合金是IN738LC和René80[14]合金的改良版，其成分也与IN738LC合金相似。它设计于20世纪70

年代，在80年代应用于工业燃气轮机，使用温度比IN738LC合金高20℃，抗热腐蚀性能与IN738LC相当。CMSX－11B和CMSX－11C[15]合金是美国开发的两种用于工业燃气轮机涡轮叶片的单晶高温合金，其中CMSX－11B合金是目前使用强度最高的抗热腐蚀高温合金，其使用温度可达950℃以上，而抗氧化和抗热腐蚀性能与IN738合金相当。DD10[16]合金是中国科学院金属研究所研制的一种高强抗热腐蚀镍基单晶高温合金，抗热腐蚀性能接近K438合金，同时具有良好的高温性能。近年来，国外又相继开展了含Re定向（ExAl7[17,18]合金）和单晶（MOD－PWA1483[19]和STAL－15＋Re[20]）抗热腐蚀合金的研制。

表1－1　国外抗热腐蚀高温合金的化学成分

质量分数（%）

合　金	Cr	Co	Mo	W	Ta	Al	Ti	Nb	其他成分
IN738LC	16.0	8.5	1.75	2.6	—	3.4	3.4	2.0	0.11C
René80	14.0	9.5	4.0	4.0	—	3.0	5.0	—	—
IN792	12.5	9.0	1.9	4.0	4.0	3.5	3.9	—	0.23Fe
GTD－111	13.5	9.5	1.5	3.8	2.7	3.3	4.8	—	—
GTD－222	22.5	19.1	—	2	0.94	1.2	2.3	0.8	0.08C 0.004B
DS GTD－111	14	9.5	1.5	3.8	2.8	3.5	3.8	—	—
DS GTD－444	9.7	8	1.5	6	4.7	4.2	3.5	0.5	0.15Hf
Siemet 2	12	9	1.85	3.7	5.1	3.6	4	—	0.0125B 0.09C
DS MGA1400	14.0	10.0	1.5	4.0	5.0	4.0	3.0	—	—
PWA1483	12.2	9.0	1.9	3.8	5.0	3.6	4.2	—	0.008B
CMSX－11B	12.5	7.0	0.5	5.0	5.0	3.6	4.2	0.1	—
CMSX－11C	14.9	3.0	0.4	4.5	5.0	3.4	4.2	0.1	—

抗热腐蚀高温合金一般都有较高的Cr含量，以保证良好的抗热腐蚀性能[21]。其合金发展的思路是，在保证抗热腐蚀性能的前提下，不断提高合金的高温强度。一方面是通过提高γ′相的体积分数来提高合金的强度。γ′含量已由IN738LC中的45%[22]提高到René80中的49%[23]和GTD-111中的60%[13]。另一方面是通过提高难熔元素的含量来提高合金的强度，如CMSX-11系列合金通过调整难熔元素含量，持久性能获得了极大的提高[24,25]（表1-3）。

表1-2 国内抗热腐蚀高温合金的化学成分

质量分数(%)

合 金	Cr	Co	Mo	W	Ta	Al	Ti	Nb	其他成分
K438G	16	8.5	1.7	2	1.7	4	3.8	0.7	—
DZ438G	12	9	1.8	3.5	4	3.9	3.4	—	—
DZ411	14	9.5	1.5	3.8	2.8	3.5	4.8	—	—
DZ468	12.0	8.5	1.0	5.0	5.0	5.5	1.0	—	—
DD408	16	8.5	—	6	—	2.1	3.8	—	—
DD410	13	4.5	0.2	5	5	3.8	4	—	0.05C 0.005B

表1-3 CMSX-11系列合金的持久寿命[24,25] h

实验条件	CMSX-11	CMSX-11B	CMSX-11C
760℃/620MPa	588	3230	—
760℃/655MPa	—	1747	681
871℃/345MPa	240	2081	975
899℃/310MPa	—	1080	701
927℃/248MPa	265	1223	869
982℃/172MPa	395	1196	1081
1038℃/124MPa	—	2670	1974

1.3 镍基高温合金的氧化行为

1.3.1 Ni–Cr–Al 三元合金的氧化机制

在高温环境下，高温合金与氧化介质会发生反应，这将使得高温合金部件的有效截面积减小，进而恶化部件的高温承载能力。因此，高温合金除了要具有优异的高温力学性能，还必须具备良好的抗高温氧化性能。高温合金化学成分复杂，主要合金元素就有十多种，因此它的氧化过程也是十分复杂的。Al 和 Cr 是 Ni 基高温合金中最主要的抗高温氧化元素，因此研究 Ni – Cr – Al 三元系合金的氧化机制对于进一步研究复杂高温合金的高温氧化行为具有重要意义。

Giggins 等人对 Ni – Cr – Al 三元系合金的氧化行为做了系统而深入的研究[26]。合金在氧化过程中先要经过一个过渡氧化期，产物种类和形貌随时间变化，在形成某一种产物的完整膜之后，进入稳态氧化期。根据合金中 Cr、Al 含量的不同，Ni – Cr – Al 合金的氧化机制可以分为三种，如图 1 – 2 所示。由图可见，不同氧化机制对应区域的边界随温度发生变化，这是因为氧和合金元素的扩散速率与温度有关，温度改变了它们扩散所需的激活能。

氧化开始之后，合金表面的一层金属被氧化，形成 NiO 和 $Ni(Cr, Al)_2O_4$。由于 Cr、Al 氧化所需的氧活度小，氧向内扩散时在基体内部生成 Cr_2O_3 和 $\alpha-Al_2O_3$（下文的 Al_2O_3 均指 $\alpha-Al_2O_3$）。而 Al 与 Cr 相比，所需的氧活度更小，因此 Al_2O_3 在基体更深处形成。由图 1 – 2 可知，Ⅰ区合金中 Cr、Al 含量较低，此类合金氧化时形成外 NiO 膜以及内部不连续的 Cr_2O_3 和 Al_2O_3；Ⅱ区合金中 Cr 含量较高，Al 含量较低，此类合金氧化时形成外 Cr_2O_3 膜以及内 Al_2O_3 颗粒；Ⅲ区合金中 Al、Cr 含量搭配适当，如 5Cr－6Al，形成外 Al_2O_3 膜。由于 Cr 促进 Cr_2O_3 的形成，减少进入基体的氧，从而加快 Al 的选择性氧化，因此当合金含有一定的 Cr 时，形成连续的 Al_2O_3 膜所需的 Al 含量更少。Ni－Cr－Al 合金氧化机制可以用图 1－3 来表示。

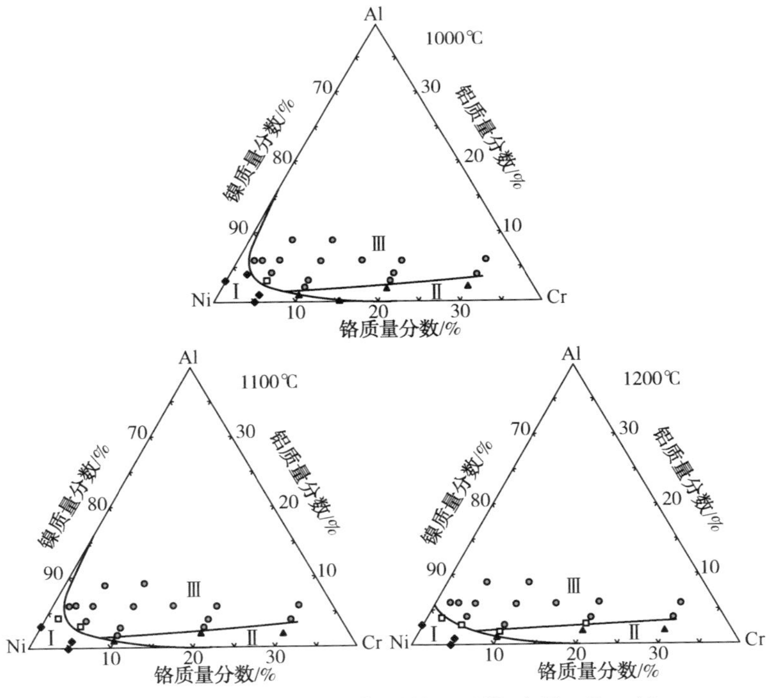

图 1－2 1000℃、1100℃以及 1200℃时 Ni－Cr－Al 合金在 0.1atm O_2 中的氧化图

注：图中的数据点对应所研究的合金成分。其中，实心方形、实心三角形和实心圆形图标分别对应符合机制Ⅰ、Ⅱ和Ⅲ的合金成分。空心图标所代表的合金在氧化过程中可以同时观察到边界两边的氧化机制[26]。

对于服从Ⅰ机制的合金来说，Cr_2O_3和Al_2O_3不足以形成连续的一层，氧得以继续向内扩散，Cr 和 Al 也继续被氧化。由于外层的 NiO 生长的很快，它会完全覆盖其他氧化物，形成连续的 NiO 层。此后，合金进入稳态氧化阶段，氧化速率由离子通过 NiO 层的扩散来控制。对于服从Ⅱ机制的合金来说，内部析出的Cr_2O_3和Al_2O_3混合氧化物可以形成连续的一层，氧向内的扩散速率大大降低，内部氧活度下降，生成更多的Cr_2O_3和Al_2O_3。更低的氧活度只能将 Al 氧化，而 Cr 扩散到Cr_2O_3和Al_2O_3形成的混合层之上形成Cr_2O_3。当最终形成连续的Cr_2O_3时，合金进入稳态氧化阶段，氧化速率由离子通过Cr_2O_3层的扩散所控制。对于服从 III 机制的合金来说，内部生成的Al_2O_3足以形成连续的一层，合金的氧化速率由离子通过Al_2O_3层的扩散来控制。

位于Ⅰ区和Ⅱ区边界的合金在高温氧化时，外部 NiO 层内部会形成Cr_2O_3和Al_2O_3的混合氧化物层，氧仍可以通过该层向内扩散，将基体的 Al 氧化。位于Ⅰ区和Ⅲ区边界的合金，高温氧化时其内部也会形成Cr_2O_3和Al_2O_3两相共存的混合氧化物，但与位于Ⅰ区和Ⅱ区边界的合金不同的是，该Cr_2O_3和Al_2O_3两相共存的混合氧化物层可以阻止氧向内扩散。当合金位于Ⅱ区和Ⅲ区的边界，高温氧化时其内部大的Al_2O_3粗化，形成连续Al_2O_3层，阻碍氧向内扩散。

Felix[27,28]认为合金产生哪种类型的氧化膜主要取决于合金中 Cr 元素和 Al 元素的含量比。Cr/Al（质量分数/%）大于4时，合金生成Cr_2O_3，而 Cr/Al 小于4 时，合金则生成Al_2O_3。大量的实验表明，表面形成Al_2O_3和Cr_2O_3氧化膜的高温合金具有良好的抗氧化能力，但在更高温度时，合金表面形成Al_2O_3氧化膜要比Cr_2O_3氧化膜具有更佳的抗氧化性能。这是因为

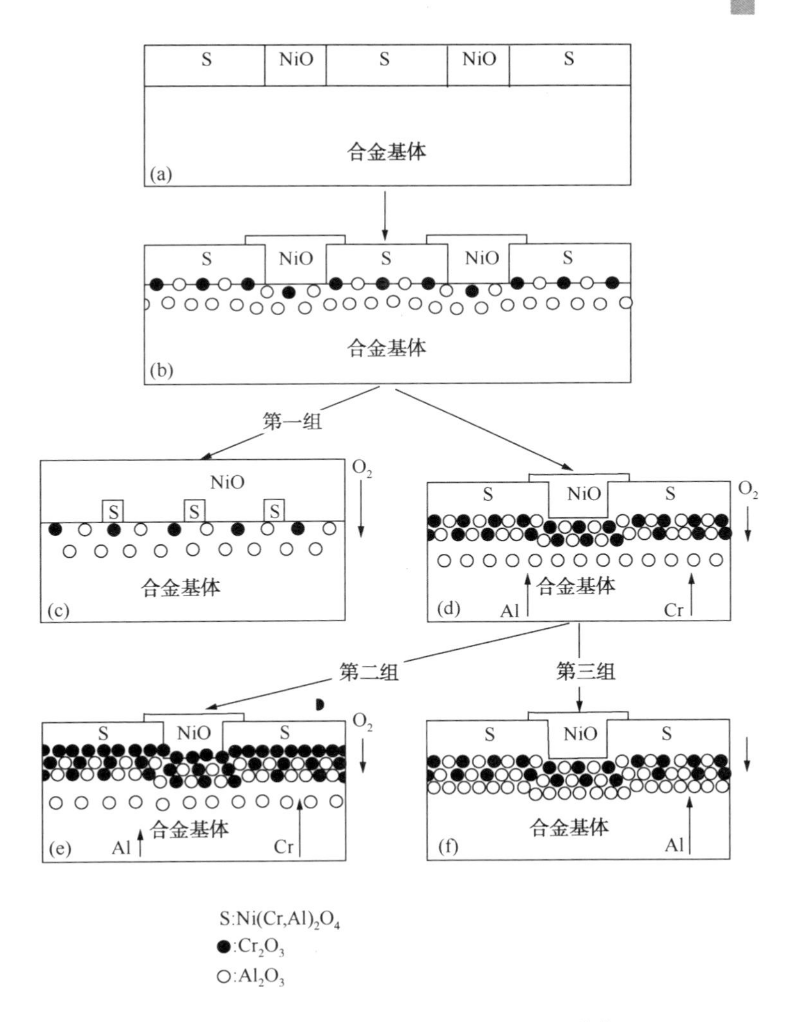

图1－3 Ni－Cr－Al合金氧化示意图[26]

Al_2O_3具有优异的热力学稳定性和高的熔点，且生长速度缓慢。Cr_2O_3的生长速率虽然也比较缓慢，但在高氧压和高温条件下，Cr_2O_3会以CrO_3形式挥发，且在恒温下Cr_2O_3氧化膜容易起皱和破裂。

除了氧化膜种类影响氧化行为外，氧化物之间的掺杂效应也会影响合金的氧化性能。对于位于Ⅰ区的合金，即Ni中加入少量的Cr和Al后，氧化速率要大于纯Ni的氧化速率，这是因为在NiO这种p－型半导体中添加高价态的Cr^{3+}和Al^{3+}可增加NiO中的阳离子空位浓度，使合金的氧化速率增大。

1.3.2 合金元素对氧化行为的影响

Co降低合金的扩散激活能[29]，使得合金氧化速率略微增加，同时还会降低Al_2O_3的黏附性[30]，因此会恶化合金的氧化性能。Mo和W由于生成挥发性的氧化物，导致氧化膜疏松多孔，也会恶化合金的氧化性能。

关于Ta对镍基高温合金氧化性能的影响目前并没有一致的认识。Yang等人的研究结果表明[31]，少量Ta能改善合金的抗氧化性能，而Ta过高却降低Al_2O_3的稳定性，使合金的抗氧化性能变差。但Barrett等人[32]的研究结果显示，高Ta有利于合金抗氧化，其机理并不清楚。Wu等人[33]在研究Ir－Ta－Al涂层对合金循环氧化行为的影响时发现，加Ta有效抑制了涂层中TCP相的析出，改善了涂层组织，从而抑制了元素扩散，提高合金的循环氧化抗力。然而，Kuppusami等人[34]的研究结果却正好相反。他们的研究结果表明，当Ir－Ta涂层中Ta含量增加时，涂层的抗氧化性能降低。这是由于Ta^{5+}替代Al^{3+}增大了Al的空位浓度，提高了其氧化速率，从而加大了Al的消耗速率。

目前，Re对高温合金氧化行为影响的认知也存在较大的分歧。Czech、Beele和Phillips于20世纪90年代研究了Re对

NiCrAlY 涂层和 NiAl 涂层抗氧化性能的影响，他们发现 Re 的加入降低涂层中 β 相的贫化速率，改变了涂层的显微组织和相组成，使得氧化膜的黏附性更好，进而提高涂层的循环氧化性能[35-37]。但 Pint 和 Kawagishi 分别于 2000 年和 2005 年的研究发现，Re 降低合金氧化膜抵抗剥落的能力[38,39]，损害合金的氧化性能。Moniruzzaman 也观察到了 Re 损害合金氧化性能的现象[40,41]。这是由于 Re 的氧化物 Re_2O_7蒸气压高，容易造成氧化膜疏松多孔所致。然而，之后 Huang 和 Liu 的研究又观察到了 Re 的有益作用。发现，Re 加速 $\gamma \rightarrow \alpha - Al_2O_3$的转变，促进合金连续 Al_2O_3的形成，降低涂层的氧化速率，长时间氧化后，还会形成富 Re 层，降低 Ni 和 Al 的扩散[42,43]。

1.4 镍基高温合金的热腐蚀行为

热腐蚀早年间被称为硫化(sulfidation)，后来发现腐蚀是由于沉积的一层盐膜引起的，其电化学本质类似室温下的大气腐蚀，遂更名为热腐蚀[44]。热腐蚀是金属材料在高温含硫的燃气工作条件下与沉积在其表面的盐发生反应而引起的高温腐蚀形态，它对高温合金零件的破坏作用比单纯高温氧化要严重得多[1,45]。依据沉积盐所处的状态，热腐蚀可分为高温热腐蚀和低温热腐蚀。高温热腐蚀是指温度超过了沉积盐的熔点，沉积盐处于熔融状态。低温热腐蚀是指温度低于沉积盐的熔点，沉积盐处于固态，但腐蚀过程中形成低熔点共晶，导致材料加速腐蚀[46,47]。硫酸盐和碳酸盐均可引起热腐蚀，但目前对硫酸盐体系的研究较多且深入。对于纯 Na_2SO_4盐导致的热腐蚀，其高温和低温热腐蚀的分界点是 884℃。

热腐蚀可能发生在以下三种环境中[48]：

(1)在海洋或近海环境中工作的燃气轮机或燃用劣质重油的工业燃气轮机中，燃油尾气中的 SO_2 和 SO_3 与大气中的 NaCl 在高温下发生反应会生成 Na_2SO_4，进而沉积在高温的涡轮叶片上，导致热腐蚀。

(2)在一些石油化工燃烧炉中，氯化物可能与燃烧中的 S、SO_2 和 SO_3 反应生成 Na_2SO_4，引起热腐蚀。

(3)在各种重油燃烧炉中，燃料中往往含有钒，Na_2SO_4 与 V_2O_5 可形成低熔点共晶，在材料表面构成熔融层，导致热腐蚀。

1.4.1 热腐蚀机制

1955 年，Simons 等人提出第一个热腐蚀机理——硫化模型[49]。该模型认为，热腐蚀过程可分为两个阶段：诱发阶段和自催化阶段。在诱发阶段，熔盐被还原产生硫，硫与合金组元生成硫化物 MS，硫化物在高温下与金属接触时生成低熔点的金属与金属硫化物共晶 M·MS。在自催化阶段，M·MS 共晶体被穿过盐膜的氧所氧化，形成氧化物和硫化物，硫化物可再次与金属基体的组元形成共晶，使腐蚀自持进行。硫化模型必须满足两个条件：一是金属基体中必须能形成 M·MS；二是 M·MS 必须能优先于金属基体被氧化。第一点已被证实，但第二点与实验结果不尽相同。Seybolt[50] 研究发现，硫化物并不比合金本身氧化得快，因此对该模型做了一些修正。朱日彰等[51,52] 用放射性同位素 ^{35}S 自射线照相技术研究了热腐蚀过程中硫的传输和分布，提出了内硫化-内氧化机制，认为从硫酸钠中还原出来的硫首先沿晶界扩散并在晶界上形成硫化物，氧也穿过熔盐沿合金的晶界扩散。同时，硫在此处被氧还原，而还原出来的硫继续向合金内更深的晶界和晶内扩散，而在原来的晶界上形成氧化物，如此循环使热腐蚀过程不断地进行。

然而，Bornstein[83,84]发现当合金表面存在 Na_2CO_3 或 $NaNO_3$ 熔盐时，合金也会发生如同在 Na_2SO_4 熔盐中的快速腐蚀，但唯一的差别是没有内硫化物的形成。因此，Bornstein 认为热腐蚀的机制不是遵循先硫化后氧化，而是与合金表面保护性氧化膜的溶解和破坏有关，而氧化膜的稳定性依赖于熔盐中的 Na_2O 活度，由此提出了碱性熔融模型。Gobel 和 Pettit[53,54]在研究含有元素 W、Mo、V 的镍基高温合金的热腐蚀行为时发现，这些元素氧化后在熔盐中形成复杂氧化物离子（如 WO_4^{2-}、MoO_4^{2-}、VO_3^{-}），导致合金发生了严重的热腐蚀，并提出了酸性熔融模型。基于各种氧化物在 Na_2SO_4 中的溶解度曲线，Rapp 和 Goto[55]提出了一个能维持热腐蚀反应不断进行的准则，即 Rapp－Goto 准则：

$$\left\{\frac{\mathrm{d}[\text{氧化物溶解度}]}{\mathrm{d}x}\right\}_{x=0} < 0 \qquad (1-1)$$

也就是说，在氧化膜/熔盐界面，氧化物在熔盐中的溶解度高于在熔盐/气体界面的溶解度时，热腐蚀反应自持进行，酸碱熔融模型得到了进一步完善。截至目前，酸－碱熔融模型已获得了较广泛的认可。

表面沉积一层熔融薄盐膜而引起的金属热腐蚀与常规的金属在水溶液中的腐蚀有相似之处，因此，用电化学机制来描述热腐蚀过程是恰当的[56,57]。该模型认为，热腐蚀实际上是金属和合金在薄熔盐电解质膜下的腐蚀破坏形式，在几何上与薄水溶液电解质膜下的金属和合金的大气腐蚀形式极为类似，即腐蚀在本质上为电化学的。曾潮流等对熔盐腐蚀电化学过程进行了详细的解释[57-59]。它可以解释熔融模型所不能解释的问题。电化学方法如腐蚀电位、恒电流和恒电位极化、阻抗谱等测试技术也在热腐蚀研究中得到了应用。这种方法的缺点是不适合固态盐的腐蚀测量，在我国实际高温合金研究和生产中很少应用[1]。

低温热腐蚀发生时，外界气氛中有硫存在是必要的。表面沉积 Na_2SO_4 的高温合金在 $O_2-SO_2-SO_3$ 气氛中，形成低熔点的 $CoSO_4-Na_2SO_4$ 或 $NiSO_4-Na_2SO_4$ 共晶盐，使得合金发生热腐蚀[60]。由于上述共晶盐在 700～750℃呈液态，因此高温热腐蚀的机理模型也适用于低温热腐蚀。

1.4.2 热腐蚀的热力学

1.4.2.1 金属－硫－氧平衡状态图

对于高温热腐蚀来说，其腐蚀性气体往往包含两种或两种以上的反应元素。即使在某一固定温度下，金属根据不同的热力学和动力学条件也可以生成几种不同的相。所以，人们一般通过研究二维等温平衡状态图（对于热腐蚀主要指金属－硫－氧平衡状态图），分析某一温度热腐蚀发生的可能性及发生过程中可能生成的产物种类，从而确定金属的高温热腐蚀机理[61-63]。

Na－S－O 体系在 900℃的平衡状态图[64]如图 1－4 所示。在充分低的氧分压和硫活度下，液态钠是该体系中唯一稳定的相；在充分低的硫活度下，Na_2O 是唯一稳定的相；在充分低的氧分压下，Na_2S 是唯一稳定的相。

为了研究 Na_2SO_4 引起的热腐蚀，通常将高温合金中的合

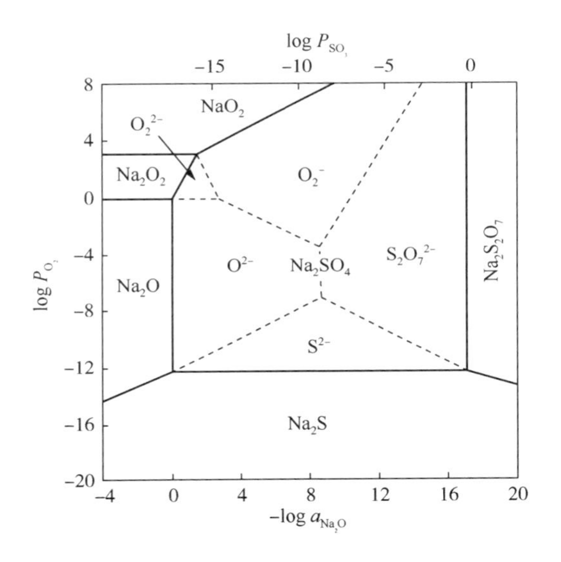

图 1－4　900℃时 Na－S－O 体系的平衡状态图[64]

金元素对应的 M－S－O 图叠加于 Na－S－O 平衡状态图的 Na_2SO_4稳定区上。Ni－S－O 在 Na_2SO_4稳定区的平衡状态图可表现为图 1－5 或图 1－6 的形式。由图 1－5[65]可见，在高的 SO_3活度下，固态 $NiSO_4$是稳定的；在 SO_3活度低于 1 时，$NiSO_4$会溶解到 Na_2SO_4熔盐中。相似地，在一定条件下，$NaNiO_2$也会溶入 Na_2SO_4中。图 1－6 中虚线为硫的等活度线，“x”点为原始 Na_2SO_4的成分，箭头方向表示当氧或硫从 Na_2SO_4中移除后 Na_2SO_4的成分变化[53]。在 SO_3活度不变的情况下，随着氧分压的减小，硫活度上升，Ni－S－O 从 NiO 稳定区进入 NiS 区；随着硫化反应的进行，硫活度降低，即图中箭头向左移动，对应的碱度上升；如果形成 NiO，则由于其对氧的消耗而导致氧分压降低，硫活度增加，硫化发生，碱度上升，NiO 发生碱性熔融。

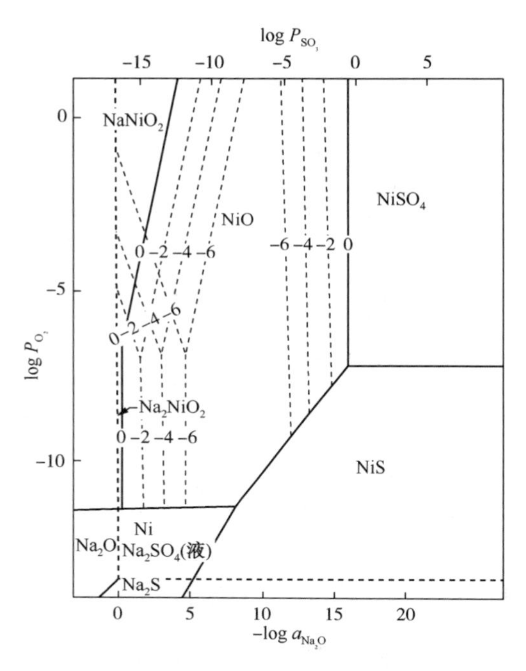

图 1 – 5　Na – Ni – S – O 体系在 927℃的平衡状态图[65]

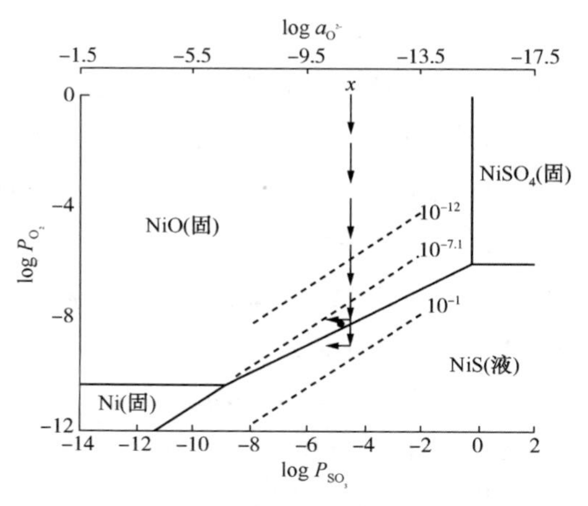

图 1 – 6　Ni – S – O 在 Na_2SO_4稳定区的平衡状态图[53]

M－S－O图还可用于判断熔盐添加剂对金属热腐蚀速率的影响[62]。图1－7为表面涂敷一定含量的Na_2CrO_4－Na_2SO_4

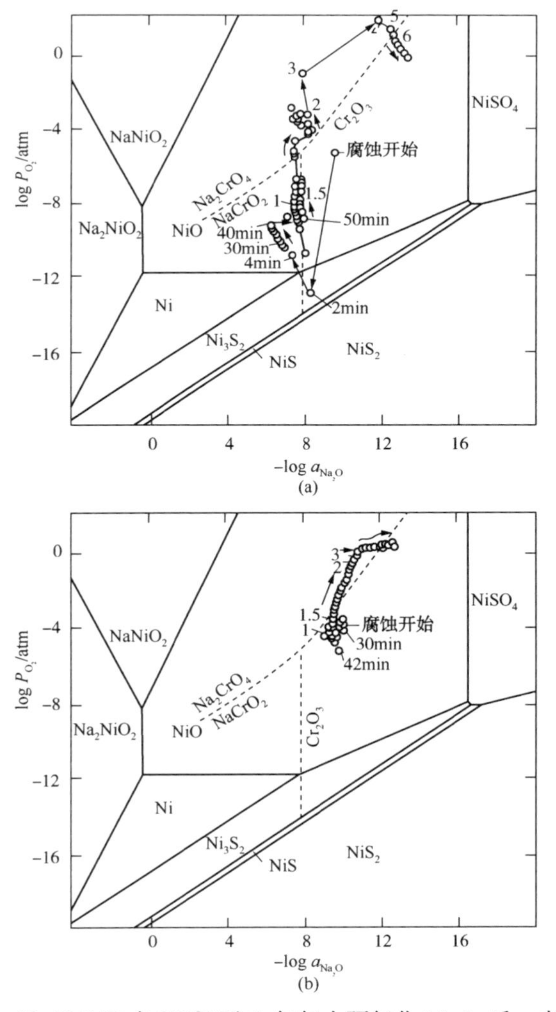

图1－7　99.99% Ni在900℃下O_2气氛中预氧化15min后，表面涂敷Na_2CrO_4－Na_2SO_4混合盐膜热腐蚀不同时间后，其表面的碱度变化

注：除已给出标注的数字外，图中的数字代表以小时计的反应时间[62]。

混合盐膜的 Ni 样品表面碱度随实验时间的变化图。该图由三部分组成，基本框图是 Na－Ni－S－O 平衡图，NiO 稳定区的虚线是将 Na－Cr－S－O 平衡图的一部分叠加到 Na－Ni－S－O 平衡图上所对应的相界线，标有数字的点代表实验过程中测到的碱度和氧分压在图中所对应的位置。如果实验数据点落到硫化物区[图 1－7(a)]，表示此时会发生硫化反应，硫化反应会使得碱度升高，增加样品发生碱性熔融的倾向；如果数据点处于 Cr_2O_3 区域[图 1－7(b)]，则熔盐中的铬酸根离子会以 Cr_2O_3 的形式析出，增强样品对热腐蚀的抵御能力。以此来说明 Na_2CrO_4 添加剂对热腐蚀的有益作用。

1.4.2.2 氧化物在熔盐中的溶解度

考虑到氧化膜的稳定性与热腐蚀行为密切相关，深入研究氧化物在熔盐中的溶解度就显得非常必要。高温下，Na_2SO_4 熔盐中存在这样的化学关系[44]：

$$Na_2SO_4 = Na_2O + SO_3 \quad (1-2)$$

$$\log a_{Na_2O} + \log a_{SO_3} = 16.7 \quad (1-3)$$

用 $\log a_{Na_2O}$ 评价盐的碱度，当 a_{Na_2O} 值较高时，熔盐呈碱性；当 a_{Na_2O} 值较低时，熔盐呈酸性。图 1－8 展示了 927℃ 下在压力为 10^5Pa 的 O_2 中几种氧化物在熔融 Na_2SO_4 中的溶解度曲线。当熔盐呈碱性时，氧化物发生碱性熔融；当熔盐呈酸性时，氧化物发生酸性熔融。每个氧化物在熔盐中的溶解度都有一个最小值。

从图 1－8 中还可以看出，Co_3O_4、NiO 为碱性氧化物，Al_2O_3、Cr_2O_3 为酸性氧化物，如果碱性氧化物和酸性氧化物同时存在，且此时熔盐的碱度处于他们的最小溶解度对应的碱度之间，那么碱性氧化物会发生酸性溶解，释放出氧化物离子，酸性氧化物会与之反应发生碱性溶解，即协同溶解，表面氧化膜将发生快速的溶解。Al_2O_3和Cr_2O_3的最小溶解度对应的碱度基本相同，因此一般的燃机工作时，将P_{SO_3}控制在二者的最小溶解度对应的碱度，以降低合金或涂层表面保护性氧化膜的溶解速率。

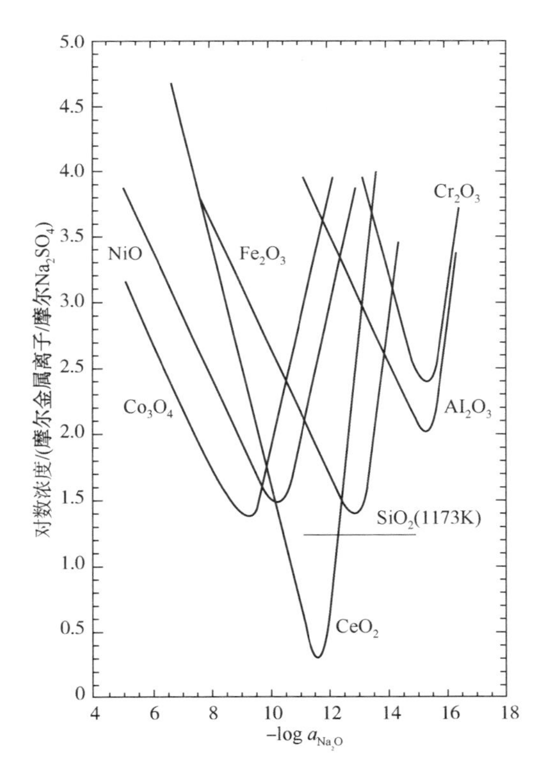

图1-8 927℃时几种氧化物在熔融Na_2SO_4中的溶解度曲线[44]

几种常见氧化物发生碱性熔融和酸性熔融的反应方程分别为：

（1）$Cr-Cr_2O_3$[66]：

碱性熔融：$Cr_2O_3 + 2Na_2O + 1.5O_2 = 2Na_2CrO_4$ (1-4)

酸性熔融：$Cr_2O_3 + 3Na_2SO_4 = Cr_2(SO_4)_3 + 3Na_2O$ (1-5)

(2) $Al - Al_2O_3$[67]：

碱性熔融：$Al_2O_3 + Na_2O = 2NaAlO_2$ (1-6)

酸性熔融：$Al_2O_3 + 3Na_2SO_4 = Al_2(SO_4)_3 + 3Na_2O$ (1-7)

(3) $Ni - NiO$[65]：

碱性熔融：$2NiO + Na_2O + 0.5O_2 = 2NaNiO_2$ (1-8)

酸性熔融：$NiO + Na_2SO_4 = NiSO_4 + Na_2O$ (1-9)

(4) $Co - Co_3O_4$[65]：

碱性熔融：$2Co_3O_4 + 3Na_2O + 0.5O_2 = 6NaCoO_2$ (1-10)

酸性熔融：$Co_3O_4 + 3Na_2SO_4 = 3CoSO_4 + 3Na_2O + 0.5O_2$ (1-11)

从上面的反应方程还可以看出，Cr_2O_3和 NiO 碱性熔融时，要发生原子价的变化，因此它们的碱性熔融速率受氧分压的影响，而酸性熔融不受氧分压影响。

1.4.3 热腐蚀实验方法

用于研究热腐蚀的实验必须具有类似于实际环境中的热腐蚀条件。基于经济上的原因，大多数都采用加速实验方法。这其中有两大类的实验方法，第一类是简单的加热实验，重点是在确定的实验条件下，研究表面沉积盐引起的热腐蚀机理。第二类是燃烧实验，特点是可以较好地模拟金属材料实际的热腐蚀环境。常用的热腐蚀实验方法主要有坩埚法、涂盐法、电化学实验法和燃烧装置实验法。我国在实验室一般采用纯

Na_2SO_4、75% Na_2SO_4 +25% NaCl 或 90% Na_2SO_4 +10% NaCl 混合盐进行热腐蚀加速实验。

坩埚法：按比例配制混合盐并放入坩埚中，将样品全浸或半浸入坩埚中，在特定温度下进行热腐蚀实验。如果进行循环实验，在每个循环之后更换新的混合盐。坩埚法的优点是简单、方便，作为筛选合金很有用，但这种方法不能真实反映航空发动机或燃气轮机热端部件，特别是涡轮叶片和导向叶片的热腐蚀情况。因为在这种实验条件下，盐的供应十分充足，但氧的供应受到限制。

涂盐法：将试样加热到 150 ~ 200℃，用毛笔蘸取盐的水溶液涂于试样表面，样品烘干后其表面会沉积一层盐膜，将其置于坩埚内在特定温度下进行热腐蚀实验。如果进行循环实验，在每个循环之后重新涂盐。与坩埚法相比，这种方法也比较简便，且对研究热腐蚀机理比较有用。但也不能真实反映零件热腐蚀的情况，因为实际服役条件下盐是不断沉积的(平均沉积量为 $1mg/cm^2$[61])。

电化学实验法：将试样放在与坩埚实验类似的环境中，试样作为工作电极，与参考电极和辅助电极组成电化槽。测定反映腐蚀速率的腐蚀电流和极化电阻等随时间的变化规律。如果合金表面上生成了保护性氧化膜，腐蚀电流就降低。这种方法也受到了人们的重视，取得了许多积极的成果[57]。但是，这种方法不适合固态盐的腐蚀测量，在我国实际高温合金研究和生产中很少应用。

燃烧装置实验法：为了模拟实际的工业环境，发展了燃烧实验装置。我国通常使用两种燃烧实验装置，即常压喷烧实验装置和燃烧台架实验装置。燃烧台架装置由空气系统提供电源，燃油系统供给的燃油经喷嘴雾化后由点火装置在喷燃器内点燃，燃气流经导管引入实验炉内，在导管上装有盐雾装置，能将喷入一定数量的 NaCl 人造海水带进燃气流。喷燃器用轻柴油，空气与燃料比为 40∶1，燃气呈氧化性气氛，燃气流中以 NaCl 的质量分数加入雾化的人造海水中，因而在实验炉内具有液态 Na_2SO_4沉积条件。这种方法可以模拟燃气轮机和航空发动机的使用环境，也可以实现加速实验，实验成本比发动机台架试车要便宜得多，而且实验时间也要短得多，因此这种方法广为应用。

对热腐蚀文献进行整理发现[61,62,68-82]，绝大多数研究人员均采用涂盐法研究金属的热腐蚀行为。而且，欧盟关于热腐蚀实验的标准方法[78]就是反复涂盐法(周期性的冷却至室温、称重、涂盐)。

关于涂盐法，比较有争议性的步骤是再次重复涂盐之前是否用水清洗上一次残余的盐。Leyens 针对这一情况进行了对比实验[72]发现，中途用水洗的一组试样比不用水洗的一组腐蚀严重。分析发现，这是因为旧盐中的铬酸盐有稳定盐的化学成分、保护 Al_2O_3膜的作用[62,73]。不用水洗的样品，涂盐后新旧盐混合，旧盐中的铬酸盐仍然可以将碱度维持在使 Al_2O_3处于溶解度最小的值，因此腐蚀较轻。但是在涂盐量较小时，是否用水洗对实验结果影响较小，因为基体中的铬足以形成所需的铬酸盐并将新盐的碱度维持在合适的值。同时，少量多次的涂盐腐蚀最轻。

对于中途是否应该用水清洗的问题，Leyens 从发动机的实际服役环境上也给出了解释[72]。发动机在运行过程中，叶片表面的盐可以通过两种方法沉积下来：一是化学沉积，气体中的 Na_2SO_4蒸气压大于其在当前温度的平衡分压，导致其液态析出；二是物理沉积，上游部件中的固态或液态的 Na_2SO_4随气流进入下游，附着到气流所经的部件上[73]。他指出，在实际运行过程中，压气机会周期性的通水，使得表面的盐被带走，相当于用水清洗样品，同时下游的部件也会因为压气机中减少的盐量而沉积更少的盐。所以，从这个角度看，中途用水清洗样品是合理的。

但是，用水清洗样品最大的问题在于它会导致表面形成的水溶性产物（Na_2CrO_4、Na_2MoO_4、Na_2WO_4等）的流失[61,68,69]，同时也会在某种程度上加快热腐蚀速率。因此，在研究热腐蚀机理时通常不在涂盐前清洗样品。

1.4.4 合金元素对热腐蚀行为的影响

1.4.4.1 Cr

对于抗热腐蚀高温合金而言，Cr 是必不可少的元素。在热腐蚀条件下，Cr 被氧化生成 Cr_2O_3[26]，它优先与熔盐反应[54,83,84]，降低盐中 O^{2-} 的活度，防止其他氧化物的碱性熔融，又不至于将碱度降低到可以发生酸性熔融的程度[54]。由于 Cr_2O_3 在熔盐中的溶解度呈正梯度[62]，且实际服役中燃机环境的酸度与 Cr_2O_3 溶解度最小时所对应的酸度接近[44,66]，因此，Cr_2O_3 膜在熔盐中的溶解度小，它在熔盐中的稳定存在可以保护合金基体免受熔盐的侵蚀。

另外，Cr_2O_3 的保护性作用还体现在它的溶解度与氧分压有关上。Cr_2O_3 的碱性熔融过程为：

$$Cr_2O_3 + 2O^{2-} + 1.5O_2 \longrightarrow 2CrO_4^{2-} \qquad (1-12)$$

即在氧气供应充足处，Cr_2O_3 溶解更快；反之在氧化膜的缺陷或晶界等还原性较强的地方，盐膜中的 CrO_4^{2-} 会被还原，

以 Cr_2O_3的形式析出。在有薄盐膜存在的情况下，盐/气体界面(图 1－9 中界面Ⅱ)的氧分压将大于氧化物/盐界面(图 1－9 中界面Ⅰ)的氧分压，因此，Cr_2O_3在盐/气体界面(图 1－9 中界面Ⅱ)的溶解度将大于其在氧化物/盐界面(图 1－9 中界面Ⅰ)的溶解度，即出现了反 Rapp－Goto 效应[62]，因此 Cr_2O_3不会发生自持性溶解，可以很好的保护基体。

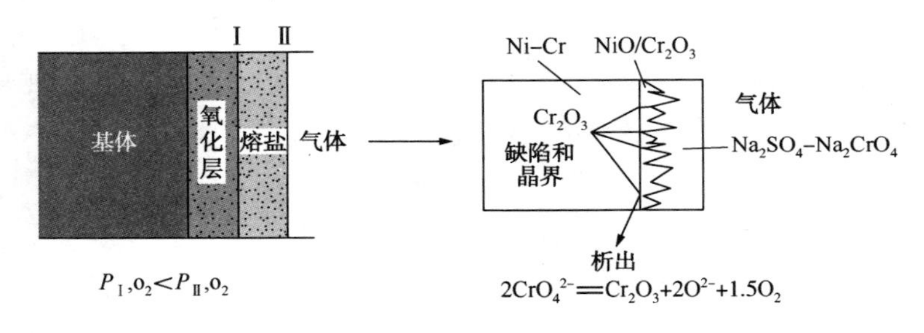

图 1－9　盐膜存在情况下 Cr_2O_3的溶解与析出图[62]

另外，Cr 可以捕获进入合金基体的硫，生成固态的 CrS_x[17,21](Cr－S 体系的稳定硫化物可以用 CrS_x表示，其中 $1.000 < x < 1.500$[120])，防止硫进一步向基体内部扩散或者生成液态的镍的硫化物[17,21,53,54]。液相是金属离子向外扩散及氧、硫离子向内扩散的快速通道，他们的存在会加快合金的热腐蚀速率。所以，传统的抗热腐蚀高温合金(如 IN738、IN792、PWA1483 等)，一般都有较高的 Cr 含量[15,17,85－87]。

1.4.4.2　Ti、Al

Ti 对提高高温合金的热腐蚀性能是有益的。高 Ti 利于合金抗热腐蚀归因于 Ti 和 Cr 相似，都能形成稳定的固态硫化物，起到固硫的作用[17,21]。Al_2O_3膜具有良好的抗高温氧化能力，但其抵抗熔融硫酸钠的能力较差，在热腐蚀环境下，富

Al 相会优先发生腐蚀[88]，因此一般抗热腐蚀高温合金中 Al 含量较低。一般认为，Ti/Al 比大于 1 提高抗热腐蚀性能[89,90]，而最新的研究却发现，Ti/Al 比增加导致合金表层的富 Ni、Ti 氧化物含量增多，而富 Cr 氧化物含量降低，氧化物之间的协同溶解效应使得合金的抗热腐蚀性能变差[91]。

1.4.4.3 Ni

NiO 在熔融硫酸钠中的溶解度较大[44,65]，因此，Ni 抗热腐蚀能力较差。如果合金在热腐蚀下的产物以 NiO 为主的话，合金很难抵抗熔盐热腐蚀，腐蚀速度较快。

1.4.4.4 Co

Co 抗热腐蚀的能力比 Ni 强，这是由于 Co 可以改变合金氧化膜的组成，增加氧化膜中 Cr 和 Ti 的含量，促进合金生成连续的保护性氧化膜以及增强合金氧化膜的黏附性和致密性，推迟氧化膜的破裂时间，进而延长热腐蚀的孕育期[92]。

另外，Co 的硫化物熔点较高及硫在 Co 中的扩散较慢也是原因之一。

1.4.4.5 Mo、W

Mo 和 W 恶化合金的抗热腐蚀性能[68,69,88,93-96]。二者在热腐蚀条件下易生成挥发性的$(Mo, W)O_3$或液态的$Na_2(Mo, W)O_4$、$Na_2(Mo, W)O_4 \cdot (Mo, W)O_3$和$Na_2(Mo, W)O_4 \cdot 2(Mo, W)O_4$[96]，引起酸性熔融。

1.4.4.6 Ta

Ta 对合金抗热腐蚀性能的影响目前还存在争议。Fryburg

及其合作者通过研究几种镍基高温合金在硫酸钠中的热腐蚀行为发现[61,68,69]，Ta 会促进固态 $NaTaO_3$ 的形成，抑制液态 $Na_2(Mo, W)O_4$ 的生成：

$$Ta_2O_5(s) + Na_2SO_4(l) = 2NaTaO_3(s) + SO_3(g) \tag{1-13}$$

$$(Mo, W)O_3(l) + Na_2SO_4(l) = Na_2(Mo, W)O_4(l) + SO_3(g) \tag{1-14}$$

$$\Delta G(1-13) < \Delta G(1-14) \tag{1-15}$$

从而提高合金的抗热腐蚀性能[61,68,69]。另外，合金中较高的 Ta 还会促进含 Ta 尖晶石的生成，在热腐蚀过程中降低离子的扩散速率，进一步降低合金的热腐蚀速率[91,97]。但是，另外一些学者的研究结果却表明，Ta 会在某些情况下损害合金的抗热腐蚀性能。Zhang 等人研究了 Ti、Ta 和 Nb 对合金热腐蚀性能的影响[98,99]，发现在 Cr 含量较低时 Ta 提高合金的抗热腐蚀性能，在高 Cr 时呈现有害作用，机制尚不明确。进一步分析发现，当 $Ta/(Mo + W) = 1$ 时合金的抗热腐蚀性能最好[21,40,85,100,101]。

1.4.4.7 Re

Re 是高温合金中非常重要的强化元素，少量的 Re 就可明显提高合金的高温强度[102]。但 Re 对高温合金热腐蚀行为影响的研究较少。Matsugi 等人[40,103,104]的研究结果表明，少量的 Re 即可大幅度提高合金的抗热腐蚀性能，但在他的实验以及其他含 Re 合金的热腐蚀行为研究中[20,61,79,105,106]却未观察到含 Re 的腐蚀产物以及 Re 对热腐蚀组织的影响。Gurrappa[75]在研究 CMSX-4 的热腐蚀行为时虽然观察到了含 Re 产物，但并没有说明其对合金抗热腐蚀行为的影响，也未阐明其作用机制。

另外，CMSX－10(2.6% Cr)合金的抗热腐蚀性能与CM247LC(8% Cr)合金相当的主要原因可能也与Re的作用机制有关[107－110]。但是，截至目前，只有少许研究人员分析了Re提高涂层热腐蚀性能的微观机制，具体如下：①形成富Re层或含Re析出相(如TCP相[33,111])，阻碍元素的扩散；②加速θ－α Al_2O_3的转变，促进保护性氧化膜的形成[42]；③稳定α－Cr相，改善氧化膜的剥落，阻碍Al_2O_3的快速内氧化[37]。

1.5 高强度抗热腐蚀高温合金

镍基单晶高温合金因其优异的高温力学性能、良好的长期组织与性能稳定性和抗热腐蚀性能，广泛应用于大型地面燃气轮机。随着燃气轮机的不断发展，其热效率不断提高。相应地，燃机透平温度也不断地提高。所以，不断发展的燃气轮机也对叶片材料的综合性能有了更高的要求。要求叶片所使用的合金在保证优异抗氧化和热腐蚀性能的基础上，尽量具有更好的高温力学性能。

由于定向凝固技术的发展，抗热腐蚀单晶高温合金由最初的多晶发展为定向、单晶合金，力学性能有了明显的提高。在制备工艺改进的基础上，优化合金成分是提高抗热腐蚀高温合金综合性能的重要途径。传统的抗热腐蚀高温合金一般都含有12% Cr和4% Ti(质量分数)，以保证优异的抗热腐蚀性能。但是Cr和Ti都极易促进TCP相的形成，较高的Cr和Ti限制了难熔元素Mo、W、Ta和Re的加入。因此，要想提高抗热腐蚀高温合金的力学性能，就必须充分研究难熔元素(Mo、W、

Ta、Re)对抗热腐蚀和抗氧化性能的影响，寻找能同时提高抗热腐蚀性能和力学性能的难熔元素。

Mo、W 对热腐蚀性能的影响和机理已有大量研究，由于 Mo 和 W 促进有害液相腐蚀产物的生成，因此会明显恶化合金的抗热腐蚀性能。但目前有关 Ta 和 Re 对单晶合金抗热腐蚀性能影响的研究非常有限，因此，了解它们对热腐蚀性能的影响及其机理是设计高强抗热腐蚀单晶高温合金的关键。深入研究 Ta 和 Re 对合金热腐蚀行为的影响，对发展承温能力更高的抗热腐蚀单晶高温合金具有重要的理论和实际意义。本书中，笔者对不同 Ta 和 Re 含量的镍基单晶高温合金在 750℃、900℃和 950℃时抗 Na_2SO_4热腐蚀行为进行了系统的研究，对比分析了 Ta 和 Re 对合金热腐蚀行为的影响及作用机理。得到以下主要结论：

Ta 对镍基单晶高温合金热腐蚀行为的影响与合金本身的 Cr 含量有关。当合金 Cr 含量小于 5%（质量分数）时，合金表面氧化膜为 NiO，抗热腐蚀性能较差。对于低 Cr 合金，Ta 可以有效地提高其 900℃的抗热腐蚀性能。这是由于 Ta 含量的增加促进了固态 $NaTaO_3$的生成，抑制了液态 $Na_2(Mo, W)O_4$的形成以及合金熔融反应的发生，延长了合金的热腐蚀孕育期。此外，提高 Ta 含量还促进固态 TaS_2的生成、抑制液态 NiS_x的生成，提高合金的抗热腐蚀性能。当合金 Cr 含量大于 12%（质量分数）时，合金表面形成完整的 Cr_2O_3膜，抗热腐蚀性能良好。对于高 Cr 合金，虽然 Ta 含量的增加也能促进含 Ta 产物的形成。但是，由于 Cr 含量较高，足以维持合金表面 Cr_2O_3膜的稳定生长，提高 Ta 含量对合金抗热腐蚀性能的影响不明显。

笔者首次观察到了 TaS_2 以及 TaS_2 与 CrS_x 之间的转换，这一过程受热力学和动力学因素的影响。热力学因素包括硫化物的生成自由能ΔG^0[$\Delta G^0(TaS_2) < \Delta G^0(CrS)$]和硫化物生成的临界氧分压$P_{O_2}$[$P_{O_2}(TaS_2) < P_{O_2}(CrS_{1.5})$]。动力学因素包括合金元素的含量及其扩散速率($D_{Ta} > D_{Cr}$)。在完整的氧化层尚未形成之前，基体中氧分压较高，仅CrS_x可稳定存在。随着硫向基体的扩散，TaS_2在基体中氧分压较低处形成，CrS_x和TaS_2同时存在，TaS_2更靠近基体。随着腐蚀层的增厚，内部氧分压降低。当氧分压可同时满足CrS_x和TaS_2的稳定存在时，ΔG^0成为影响硫化物稳定性的决定性因素，此时仅TaS_2可存在。熔融发生后，腐蚀层变得疏松，内部氧分压随之升高，TaS_2失稳，CrS_x再次形成。基于以上原因，Ta 含量成为影响TaS_2和CrS_x生成及转换的关键因素。

对于 Cr 含量介于5% ~12%(质量分数)的合金，Ta 和 Cr 对热腐蚀行为的交互作用可以由 Ta/Cr(质量分数)来描述：Ta/Cr<0.5 时，Ta_2O_5对Cr_2O_3膜起掺杂作用，加快Cr_2O_3的生长，合金形成完整的Cr_2O_3膜，抗热腐蚀性能良好；Ta/Cr = 0.5 时，Ta 促进含 Ta 尖晶石的生成，降低离子的扩散速率，合金形成完整的Cr_2O_3膜，抗热腐蚀性能良好；0.5 < Ta/Cr < 1 时，Ta_2O_5和Cr_2O_3竞争生长，合金不能形成完整的Cr_2O_3膜，合金的抗热腐蚀性能降低；Ta/Cr > 1 时，Ta_2O_5和Cr_2O_3竞争生长，合金表面的氧化膜为 NiO，抗热腐蚀性能较差。

Re 使得合金的热腐蚀动力学遵循多段抛物线规律，延长合金的热腐蚀孕育期，极大地提高合金的抗热腐蚀性能。Re 促进合金表面完整Cr_2O_3的生成，抑制合金表面 NiO 以及内部NiS_x的生成。它的作用机理在于，Re 提高了合金中 Cr 的活度，使得合金含有较少的 Cr 就可以维持表面Cr_2O_3膜的生长以及内部CrS_x的形成，并促进膜中微裂纹的愈合。另外，在贫化区形成 Re 的富集层，降低元素的扩散速率。

当温度从 900℃ 上升到 950℃，合金的热腐蚀速率加快，孕育期缩短，这一现象与合金成分无关。随着温度由 900℃ 上升到 950℃，Cr_2O_3 和 Na_2CrO_4 的挥发加快，导致 Cr 的贫化加速，合金中出现了大量无保护性的含 Ni、Ti 的氧化物及尖晶石，合金的热腐蚀性能变差。

第2章 实验材料与实验方案

2.1 母合金冶炼

实验用合金采用 VIM – F25 真空感应炉熔炼母合金锭，将原材料按合金成分配比准确计算和称重后装入炉中的氧化镁坩埚内，装料后把经 500℃ 充分预热的锭模装入铸模室内，锭模上加装陶瓷过滤网。该真空感应炉带有二次加料系统，在随后的整个冶炼过程中不破真空。装料和锭模完毕后，闭合炉门，抽真空至低于 0.1MPa 时，开始送电。冶炼初始阶段，从送电到合金部分熔化过程中，保持低功率以放慢熔化速度，使炉料在熔化过程中充分去气。炉料化清后精炼 20min，精炼温度为 1500℃ ±10℃。精炼后停电冷冻至结膜，以便充分去气。冷冻后用小功率送电，待金属熔化后加入 Al、Ni – B 合金，随后连续搅拌 4 次，每次 2min，然后断电。待冷冻至结膜后重新送电，当金属液温度达到 1450℃ ±10℃，以 140 ~ 180kW 功率带电浇铸成 ϕ83mm 的母合金锭，母合金的熔炼工艺如图 2 – 1 所示。母合金经打磨去除氧化皮，切割成大约 3kg 母合金块用于制备单晶试棒。

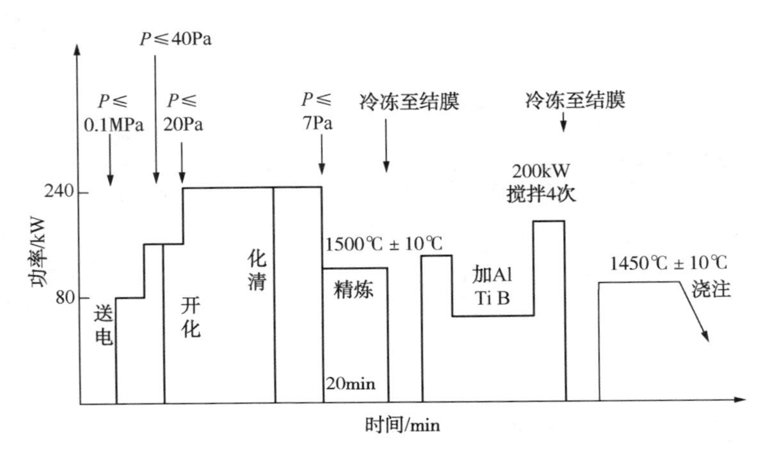

图 2－1　母合金冶炼工艺

2.2　单晶试棒制备

采用高速凝固(HRS)设备进行定向凝固，制备尺寸为 ϕ16mm×220mm 的单晶试棒，其原理如图 2－2 所示。该设备最大熔炼容量为 15kg，最大铸件尺寸长 300mm。铸造过程中，首先对模壳进行预热，加热温度为 1500℃。母合金通过真空感应加热重熔、精炼，精炼温度为 1600℃，精炼时间为 10min。真空系统的工作真空度保持在 10^{-2}Pa 量级。将精炼后的合金液在 1500℃ 浇注，定向凝固抽拉速率为 3mm/min。铸态试棒在 1∶1 比例的 H_2O_2 和 HCl 混合液中侵蚀 10min，用于观察试棒的单晶性。

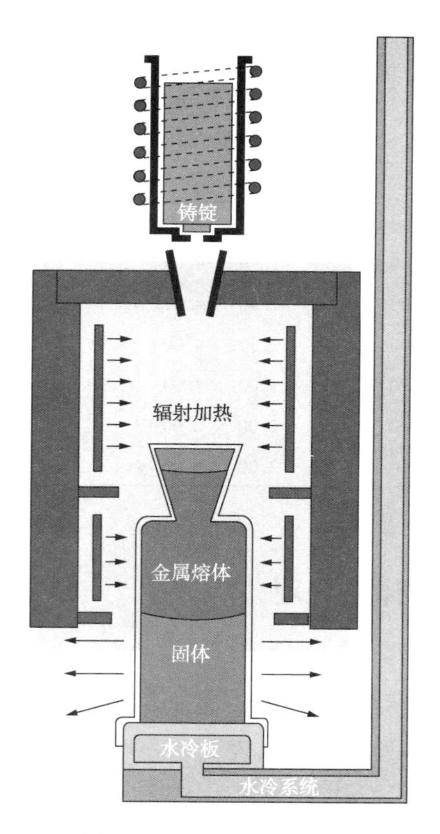

图 2 –2　HRS 设备示意图

2.3　化学成分检测

母合金和单晶试棒化学成分检测采用 ICP – AES 型光谱分析仪和化学分析仪。光谱分析样品尺寸为 40mm × 40mm × 8mm，检测面经 400#水砂纸打磨成平面。化学分析样品采用车床取20g屑状样品，用丙酮清洗以去除油污。本实验所用实验合金的名义成分见表2－1。

表2－1 实验合金的名义成分 质量分数(%)

合 金	Cr	Ta	Re	Mo	W	Ti	Al	Co	Ni
E1	12.00	4.00	—	1.90	4.00	3.90	3.40	9.00	余量
E7	12.00	4.00	2.00	1.90	4.00	3.90	3.40	9.00	余量
E71	12.00	6.00	2.00	1.90	4.00	3.90	3.40	9.00	余量
E73	10.00	6.00	2.00	1.90	4.00	3.90	3.40	9.00	余量
E75	10.00	7.00	2.00	1.00	4.00	3.90	3.40	9.00	余量
E74	5.00	6.00	3.00	2.00	6.00	—	5.50	10.00	余量
E76	5.00	9.00	3.00	2.00	6.00	—	5.50	10.00	余量

2.4 单晶试棒热处理

采用金相法确定实验合金的初熔温度并确定热处理制度，各实验合金的热处理制度见表2－2。单晶试棒的热处理在箱式热处理炉中进行，控制温度为±3℃。

表2－2 实验合金的标准热处理制度

合 金	热处理
E1	1245℃/4h/AC，1080℃/4h/AC，870℃/24h/AC
E7	1250℃/6h/AC，1080℃/4h/AC，870℃/24h/AC
E71	1250℃/4h→1270℃/4h/AC，1080℃/4h/AC，870℃/24h/AC
E73	1260℃/4h→1270℃/4h /AC，1140℃/4h/AC，870℃/24h/AC
E75	1260℃/4h→1270℃/4h /AC，1140℃/4h/AC，870℃/24h/AC
E74	1280℃/2h→1300℃/2h→1310℃/6h/AC，1150℃/4h/AC，870℃/24h/AC
E76	1280℃/2h→1300℃/2h→1310℃/6h/AC，1150℃/4h/AC，870℃/24h/AC

2.5　热腐蚀性能测试

不同成分单晶试棒经过热处理之后，用电火花线切割加工成 20mm × 10mm × 1.5mm 的片状试样，其中样品 20mm 的边必须保证平行于试棒的 <001> 方向，其他边取向随机。试样所有的面用砂纸磨至 800#，并进行倒角，然后将样品用酒精和丙酮进行清洗。

采用涂盐法进行热腐蚀性能测试。将样品称重之后置于干净的镍板上，用电炉加热至 120 ~ 150℃，用毛笔蘸取饱和的硫酸钠（Na_2SO_4）水溶液均匀涂于样品表面，涂盐量控制在 0.3 ~ 0.5mg/cm²。将涂盐之后的样品置于预烧至恒重的 Al_2O_3 坩埚中，保证样品与坩埚壁点接触或线接触。将含样品坩埚放入箱式电炉内进行热腐蚀实验，实验温度为 750℃、900℃ 和 950℃。每隔 20h 取出坩埚进行观察，并用精度为 0.1mg 的电子天平进行称重，然后重新涂盐，放入炉中继续进行热腐蚀实验。其中，每个数据点为三个样品的平均值。

实验完成之后，对样品表面及截面进行观察。观察截面时将样品用环氧树脂进行冷镶。为防止在抛磨过程中水溶性产物溶于水中而丢失，采用煤油作为抛磨所用介质。

2.6　显微组织表征

利用 Zeiss 公司的 Axiovert200MAT 金相显微镜（OM），Hitachi 公司的 S－3400N 钨灯丝扫描电镜（SEM），Shimadzu 公司的 1610 电子探针分析仪（EPMA），岛津公司 X 射线衍射仪 XRD－6000（XRD）对实验合金进行微观组织对比观察。

第 3 章 钽对镍基单晶高温合金热腐蚀行为的影响

3.1 引言

涡轮叶片是燃气轮机的核心热端部件，其承温能力在很大程度上决定了燃气轮机的综合性能。近年来，在燃气轮机从现代级（F 级）到先进级（G 级、H 级）和未来级（J 级）的飞速发展过程中，各型燃气轮机使用的热端材料——抗热腐蚀高温合金也经历了从定向到单晶的发展。

与航空发动机用高强单晶合金相比，抗热腐蚀单晶合金最明显的特点是含有较高的 Cr（一般质量分数大于 12%）以保证优异的抗热腐蚀性能。但 Cr 的固溶强化作用较弱，较高的 Cr 含量限制了其他固溶强化元素（W、Mo、Ta、Re 等）的加入，否则合金中会出现 TCP 有害相，引起性能恶化。因此，高强抗热腐蚀单晶合金在成分设计上需要适度降低 Cr 含量，通过添加其他固溶强化元素来提高力学性能，同时不牺牲合金的抗热腐蚀性能。Mo、W 会明显恶化合金的抗热腐蚀性能，但目前有关 Ta 和 Re（钽和铼）对单晶合金抗热腐蚀性能影响的研究非常有限。

Ta(钽)对高温合金热腐蚀性能的影响机理始终存在争议。Fryburg[61,68,69]在研究了几种含 Ta 合金的热腐蚀行为之后发现，Ta 提高合金的抗热腐蚀性能。这是由于 Ta 的氧化物 Ta_2O_5 优先与熔盐反应生成固态的 $NaTaO_3$，阻碍了熔盐与 $(Mo, W)O_3$ 反应生成液态的 $Na_2(Mo, W)O_4$。一般认为，$Ta/(Mo + W) > 1$ 时，合金的抗热腐蚀性能较好[97]。但 Zhang 等人[98,99]的研究结果显示，Ta 会在 Cr 含量较高时损害合金的抗热腐蚀性能，在低 Cr 时呈现有益作用，机制尚不明确。

另外，随着 G/H 级燃机的研发和应用，其叶片最高工作温度已经达到了 1000℃。一般认为，随着温度的不断增加，盐的沉积效率不断降低，所以热腐蚀对合金的影响也越来越弱。但是，需要指出的是，随着温度的增加，Cr_2O_3 保护膜的挥发速率也在不断增快。考虑到盐的沉积速率、氧化膜的稳定性以及离子的扩散行为都直接影响合金的热腐蚀机制，所以，深入研究更高温度下合金的热腐蚀行为也显得非常必要。

因此，深入研究不同 Ta 和 Cr 含量下合金的抗热腐蚀性能，分析 Ta 和 Cr 对不同温度下合金热腐蚀行为的交互作用，揭示 Ta 在单晶高温合金热腐蚀过程中的作用机理，并以此为依据，探索合金设计中降 Cr 增 Ta 的设计方法，具有重要的意义。本章采用对比分析的方法，深入研究了 750℃、900℃ 和 950℃ 时 Ta 对低 Cr 合金和高 Cr 合金抗硫酸钠热腐蚀行为的影响。

3.2　钽对低铬合金热腐蚀行为的影响

3.2.1　实验合金标准热处理组织

图 3 - 1 为含 5% Cr(质量分数)的两种单晶合金 E74(6Ta)

和 E76(9Ta)经过标准热处理后的微观组织。由图可知，经过热处理后，两种合金的枝晶偏析程度明显减轻，合金中的共晶都几乎完全消除，γ′呈立方体形态。

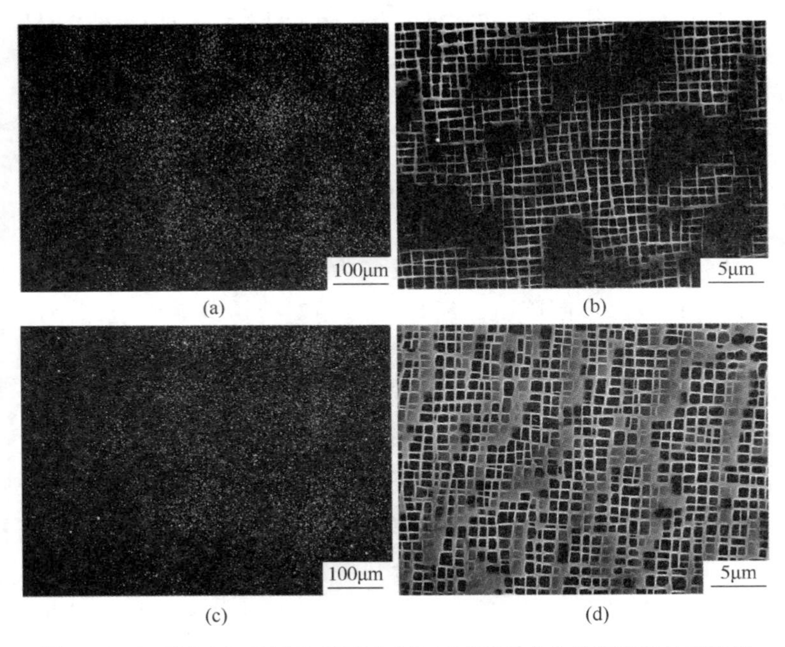

图 3－1　E74[(a)和(b)]和 E76[(c)和(d)]单晶合金的标准热处理组织

3.2.2　Ta 对低 Cr 合金 750℃热腐蚀行为的影响

3.2.2.1　热腐蚀动力学

两种不同 Ta 含量的低 Cr 单晶合金 E74(6Ta)和 E76(9Ta)在 750℃下的热腐蚀动力学曲线如图 3－2 所示。由图可见，200h 内两个合金的热腐蚀动力学相似，均符合直线规律。低 Ta 合金 E74 样品的最终增重值($12mg/cm^2$)稍大于高 Ta 合金 E76 的增重值($11mg/cm^2$)。

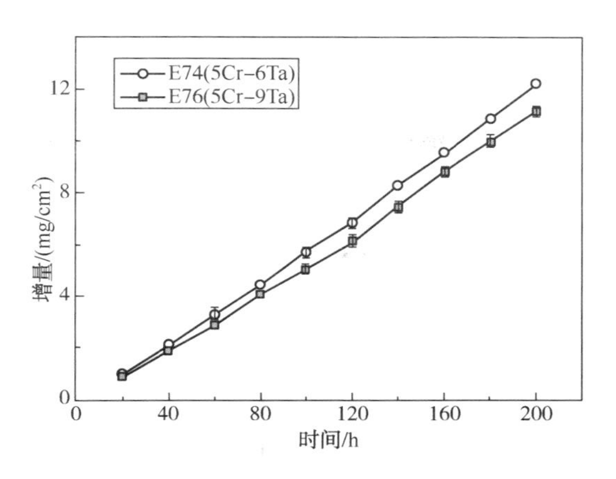

图 3－2　E74 和 E76 单晶合金在 750℃下的热腐蚀动力学曲线

3.2.2.2　热腐蚀样品宏观形貌

E74 和 E76 单晶合金在 750℃下经历 200h 热腐蚀之后，其外观形貌相似，如图 3－3 所示(本图及下文图中箭头所标为单晶试棒的 <001> 方向)。样品都呈现出完整而致密的褐色表面，且其上均可见白色盐膜。

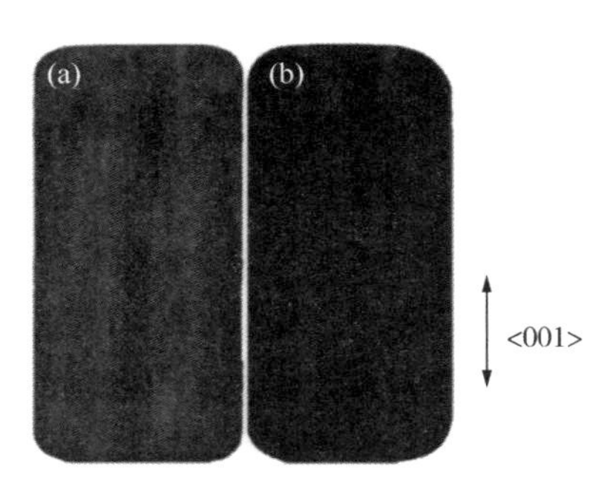

图 3－3　E74（a）和 E76（b）单晶合金在 750℃下经过 200h 热腐蚀后的宏观形貌

3.2.2.3 表面及截面形貌

用 SEM 对 E74 和 E76 单晶合金样品表面和截面进行观察发现，两种合金在 750℃下经历 200h 热腐蚀之后，其外观形貌相似。因此，本书此处仅选取 E74 合金样品的表面和截面形貌进行展示，如图 3－4 所示。200h 热腐蚀之后，合金样品表面被一层灰色多孔的物质[图 3－4(a)中“A”点所示]所覆盖。从截面看，样品表面的灰色物质[图 3－4(b)中“B”点所示]厚约 30μm，其间分布有贯穿的裂纹，基体与覆盖层之间的界面整齐、清晰。经能谱(EDS)分析[图 3－4(c)和图 3－4(d)]，样品表面的灰色物质为硫酸钠。

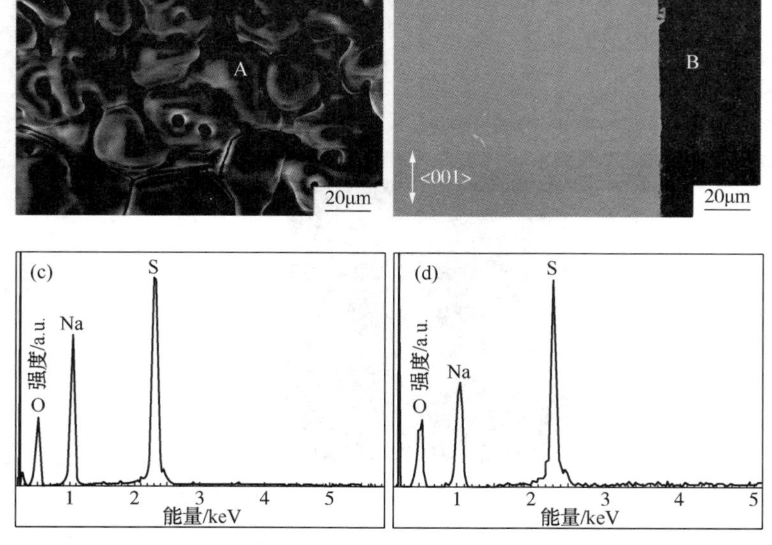

图 3－4 (a)、(b)：E74 单晶合金在 750℃下经过 200h 热腐蚀后的典型表面和截面形貌；(c)、(d)：“A”点和“B”点的 EDS 分析结果

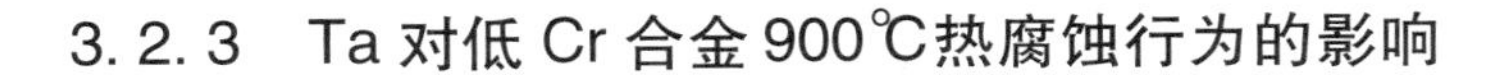

3.2.3　Ta 对低 Cr 合金 900℃热腐蚀行为的影响

3.2.3.1　热腐蚀动力学

两种不同 Ta 含量的低 Cr 单晶合金 E74 和 E76 在 900℃表现出了不同的热腐蚀规律，其热腐蚀动力学曲线如图 3－5 所示。在热腐蚀开始的 60h 内，两个合金的热腐蚀动力学曲线几乎重合，增重都约为 2mg/cm^2。在热腐蚀 60h 后，低 Ta 合金 E74 的动力学曲线出现拐点。随后，E74 合金经历了一个迅速增重的过程。热腐蚀 200h 后，E74 合金的增重约为 30mg/cm^2。而高 Ta 合金 E76 的动力学曲线则直到 120h 时才出现拐点，且其增重速率较 E74 合金更为缓慢。热腐蚀 200h 后，E76 合金的增重约为 12mg/cm^2。

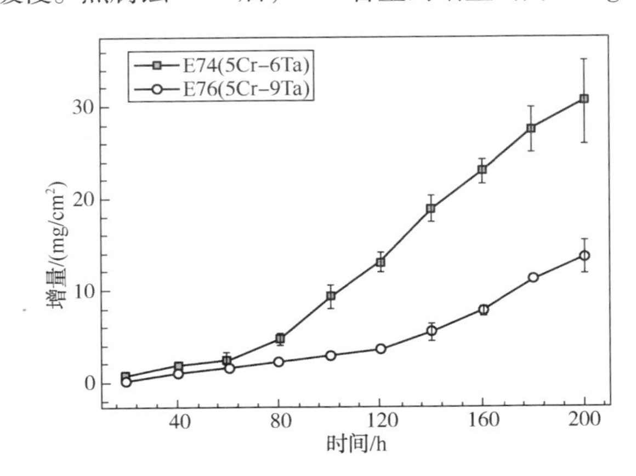

图 3－5　E74 和 E76 单晶合金在 900℃的热腐蚀动力学曲线

3.2.3.2　热腐蚀样品宏观形貌

E74 和 E76 单晶合金在 900℃不同热腐蚀时间之后的宏观

形貌如图3－6所示，合金在热腐蚀60h之前的宏观腐蚀形貌相似，样品表面氧化物完整致密，且都呈现出蓝绿色。热腐蚀60h之后，低Ta合金E74表面的氧化皮出现了起皱和剥落，露出了下层的绿色氧化物，而高Ta合金E76样品仍保持完整、致密的表面形貌。直到热腐蚀140h后，E76合金样品表面才开始出现氧化物剥落。当热腐蚀进行200h后，两种合金的样品表面都明显生成了灰黑色的氧化层。由于该氧化层中出现了大裂纹，两种样品表面氧化皮都呈现剥落现象。

图3－6　E74和E76单晶合金在900℃热腐蚀后的宏观形貌

3.2.3.3　腐蚀产物XRD分析

图3－7(a)和图3－7(b)分别为E74和E76两种单晶合金在900℃不同热腐蚀时间之后产物的XRD衍射图。E74合金在900℃热腐蚀20h和60h之后的产物组成类似，为NiO、Al_2O_3和$NaTaO_3$的混合物。而当热腐蚀进行200h后，腐蚀产物以NiO为主。与E74合金相比，E76合金在900℃的热腐蚀产物更为复杂。E76合金在热腐蚀20h后其腐蚀产物不仅包括NiO、Al_2O_3和$NaTaO_3$，还有$CoAl_2O_4$。热腐蚀120h后，E76合金的产物仍

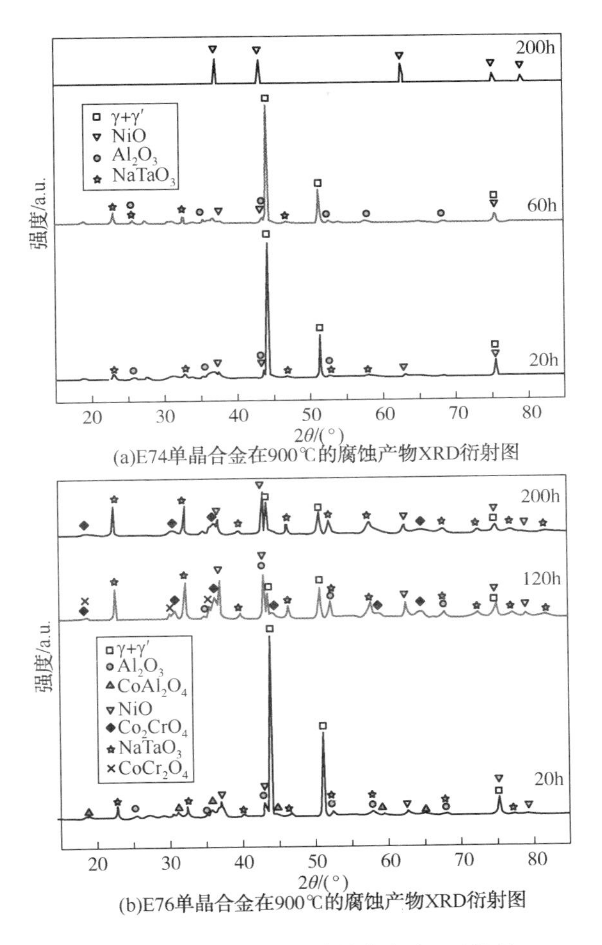

(a)E74单晶合金在900℃的腐蚀产物XRD衍射图

(b)E76单晶合金在900℃的腐蚀产物XRD衍射图

图 3-7　E74 和 E76 单晶合金在 900℃的腐蚀产物 XRD 衍射图

可见 NiO、Al_2O_3和 $NaTaO_3$，且与热腐蚀 20h 相比，主要产物的峰强度增大，但 $CoAl_2O_4$的峰消失，取而代之的是 $CoCr_2O_4$和 Co_2CrO_4。当热腐蚀进行 200h 之后，Al_2O_3和 $CoCr_2O_4$消失，而 NiO、$NaTaO_3$和 Co_2CrO_4仍然存在于 E76 合金的产物中。

3.2.3.4 表面腐蚀形貌

E74 和 E76 单晶合金在 900℃ 热腐蚀之后的表面组织如图 3－8 所示。

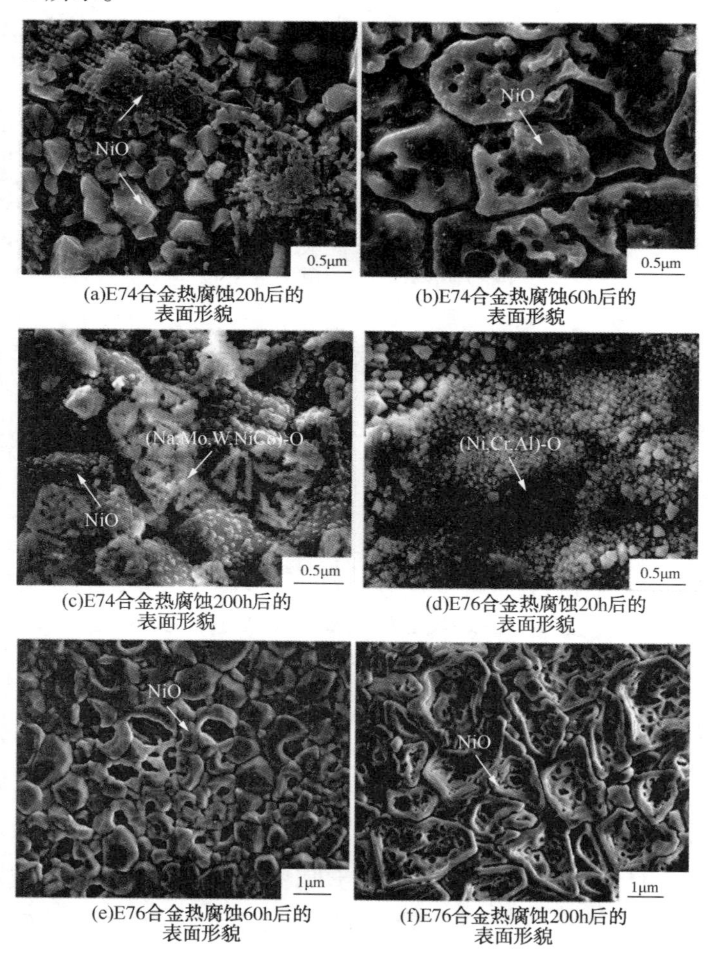

(a)E74合金热腐蚀20h后的表面形貌　(b)E74合金热腐蚀60h后的表面形貌

(c)E74合金热腐蚀200h后的表面形貌　(d)E76合金热腐蚀20h后的表面形貌

(e)E76合金热腐蚀60h后的表面形貌　(f)E76合金热腐蚀200h后的表面形貌

图 3－8　E74 和 E76 单晶合金在 900℃ 经过不同热腐蚀时间之后的表面形貌

热腐蚀进行 20h 之后，E74 合金样品表面生成了灰色块状和片状的产物，经 EDS 分析，两种形貌的产物均为 NiO。随着热腐蚀时间的延长，样品表面的 NiO 晶粒变得粗大，晶间开裂，晶内出现许多小孔洞。当热腐蚀进行 200h 后，NiO 晶粒进一步粗大。另外，NiO 晶粒之上出现了白色球状和片状的产物，该产物呈现出疏松多孔的形貌。

与 E74 合金相比，E76 合金在热腐蚀进行 20h 之后，其样品表面生成了细小的富含 Ni、Cr 和 Al 的氧化物颗粒。随着热腐蚀的进行，该氧化物颗粒逐渐变成粗大且致密的 NiO 层，在该 NiO 层表面分布着大小不一的孔洞。热腐蚀 200h 后，合金表面的 NiO 晶粒更加粗大，晶间开裂，晶内的孔洞数量增多。

3.2.3.5　腐蚀层截面形貌

E74 单晶合金在 900℃ 的腐蚀层截面组织如图 3－9 所示，图中产物的标注参考 XRD(图 3－7)和 EDS 的结果。由图可见，900℃ 热腐蚀之后，E74 合金形成了包含外氧化物层、内氧化物层和内硫化层的典型三层腐蚀层结构。

热腐蚀进行 20h 之后，样品最外层形成了一层 NiO，该层中还分布着 Co、Cr、Al 和 Ta 的氧化物，在基体的贫化区内产生了 CrS_x 颗粒。随着热腐蚀的进行，外 NiO 层和内硫化层都逐渐增厚。

到了 80h 后，样品的腐蚀层形貌发生了较大的变化。最外层变得疏松多孔，且在局部区域产生了大量的富含 Na、Mo 和 W 的产物(图 3－10)，在外层氧化物和内层氧化物之间产生了大裂纹，外层氧化物有整体剥落的趋势。内硫化层中除了 CrS_x 之外，还出现了 NiS_x[图 3－9(f)和图 3－9(g)]。

当热腐蚀进行 200h 后，整个样品都被腐蚀。平行于样品表面的裂纹向基体内部延伸，在外层氧化物之下形成了一层白色的富含 Ni、W 和 O 的产物层，基体被网状的氧化物和硫化物划分成大小不一的岛状结构。

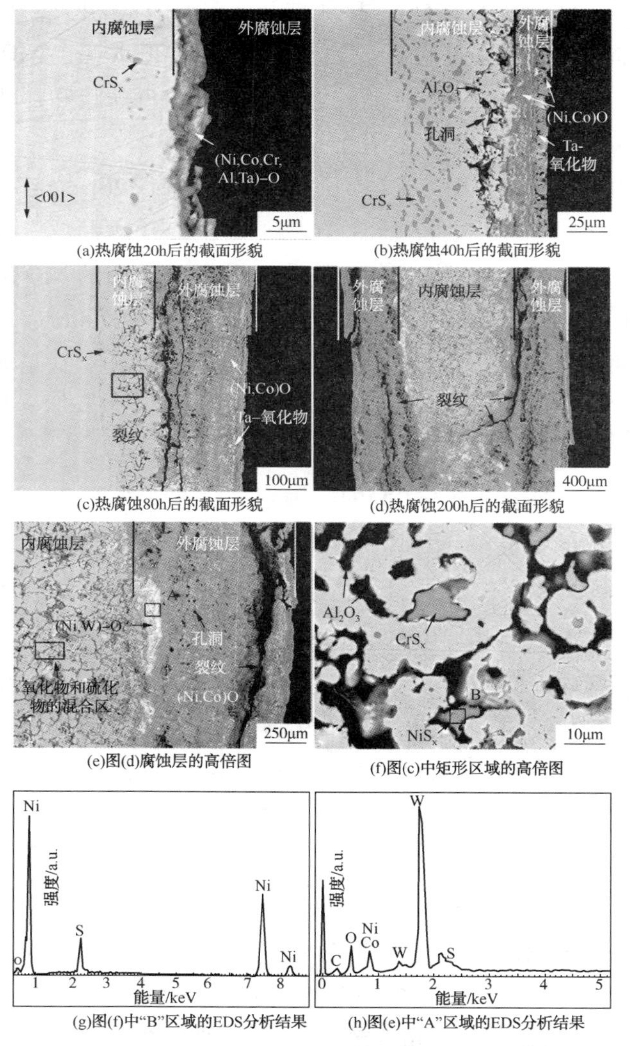

图 3－9　E74 单晶合金在 900℃ 的腐蚀层截面形貌

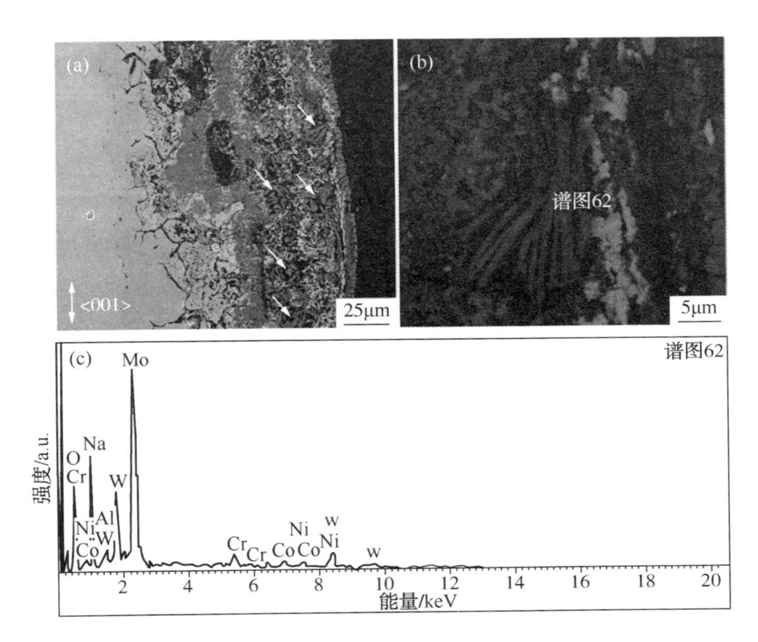

图 3－10　E74 单晶合金在 900℃经过 80h 热腐蚀后的截面形貌

E76 单晶合金在 900℃的腐蚀层截面组织如图 3－11 所示，图中产物的标注参考 XRD（图 3－7）和 EDS 的结果。与 E74 合金相似，E76 合金在热腐蚀之后同样也形成了典型的三层腐蚀层结构。

20h 后，样品不仅形成了含有 Co、Cr、Al 和 Ta 的 NiO 外层，同时还形成了一个连续的富含 Ta 的白色产物层，内层的 Al_2O_3 呈不连续分布，在腐蚀层前沿基体的贫化区同样分布着 CrS_x 颗粒。

热腐蚀进行 40h 之后，外层仍然是 NiO。以 Al_2O_3 为主、含有 Ni、Cr 和 Ta 的内氧化层呈网状向基体内部延伸。除颗粒状的 CrS_x 之外，在硫化层前沿出现了白色的针状相 TaS_2（图3－12）。

从 80h 到 120h，腐蚀层增厚，但腐蚀层结构并未发生明显变化。在这一阶段，外层仍然是 NiO，但在其中观察到平行于样品表面的大裂纹，由 Al_2O_3、Cr_2O_3 和 Ta_2O_5 组成的氧化物

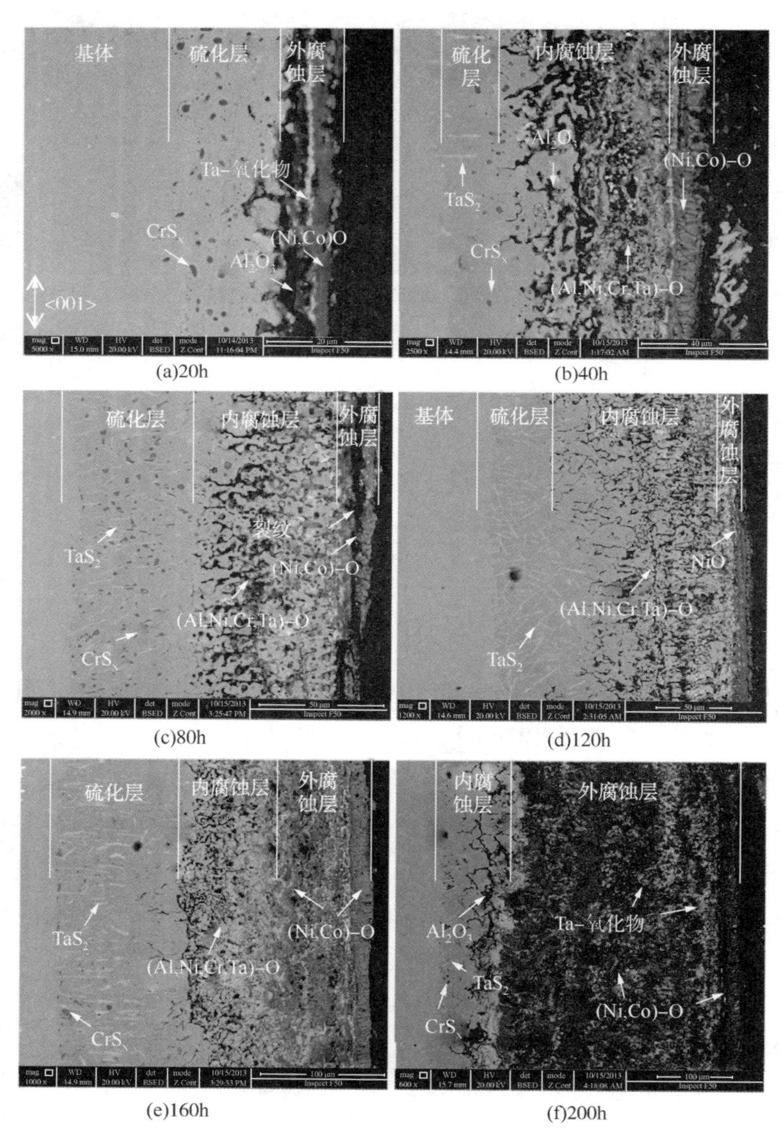

(a)20h (b)40h (c)80h (d)120h (e)160h (f)200h

图 3－11 E76 单晶合金在 900℃热腐蚀不同时间后的腐蚀层截面形貌

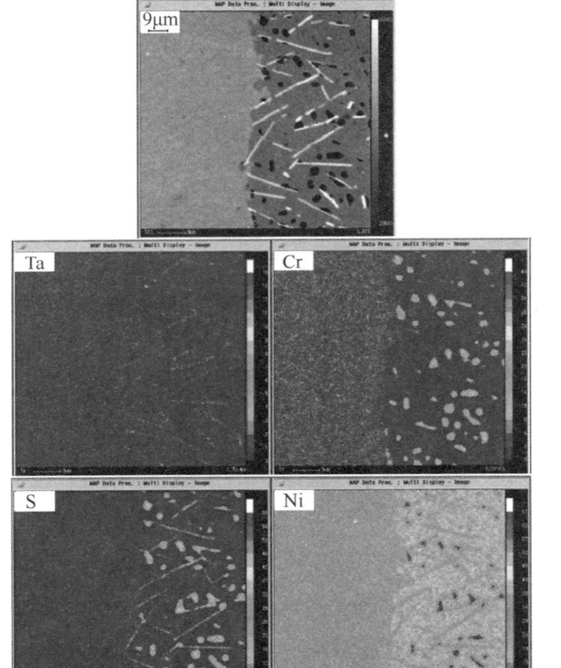

图 3－12　E76 单晶合金在 900℃热腐蚀 80h
后的硫化层截面形貌及元素面分布

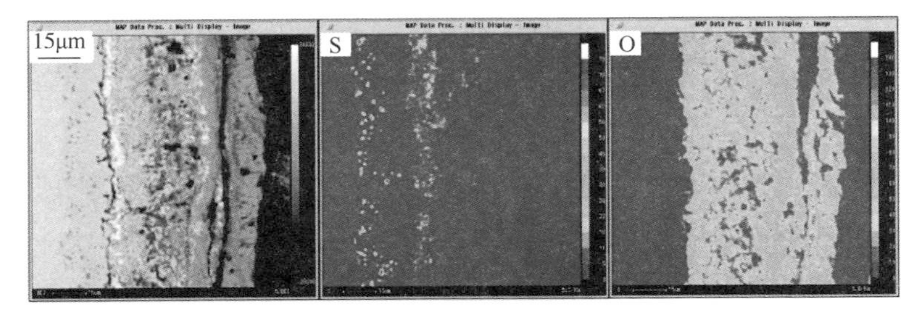

图 3－13　E76 单晶合金在 900℃热腐蚀 80h 后的
腐蚀层截面形貌及元素面分布

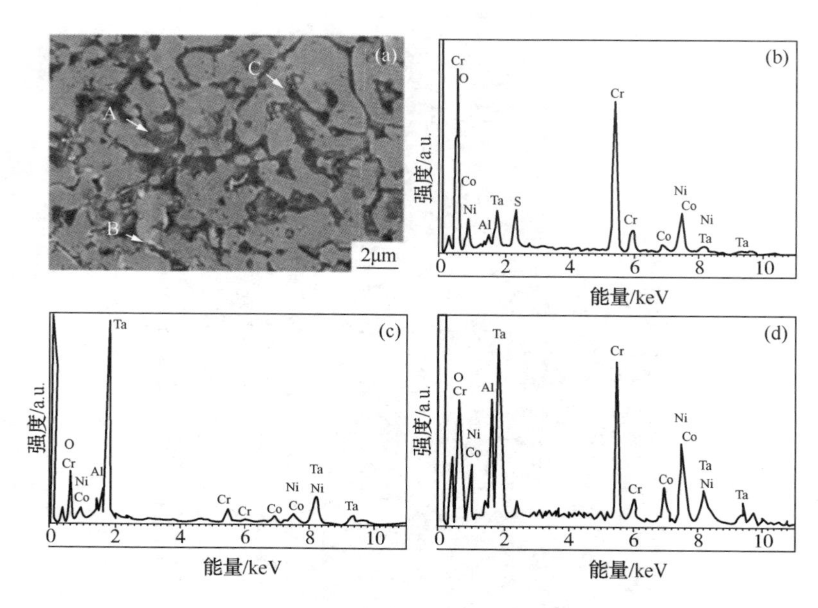

图 3－14　E76 单晶合金中所形成的氧化物网络形貌及成分组成

注：(b)、(c)和(d)分别为图(a)中“A”“B”“C”区域的 EDS 分析结果。

网络向基体内部不断延伸(图 3－14 中灰色、白色以及黑色产物区分别为富含 Cr_2O_3、Ta_2O_5 和 Al_2O_3 的区域)。硫化层的成分组成则在不断变化，80h 时样品的硫化产物包括 CrS_x 和 TaS_2，而到 120h 时硫化物只有 TaS_2。此外，对于热腐蚀时间大于 80h 的样品，在内部网状产物区可以观察到硫元素的存在(图 3－13)。

当热腐蚀进行 160h 后，腐蚀层的结构发生了较大的变化，样品的外腐蚀层变厚，内部氧化物网络层变薄，CrS_x 再次出现。到了 200h 后，外腐蚀层几乎占据整个腐蚀层厚度的 80%，且出现了大量的孔洞。

3.3　钽对高铬合金热腐蚀行为的影响

3.3.1　实验合金标准热处理组织

采用 E7(12Cr－4Ta)、E71(12Cr－6Ta)、E73(10Cr－6Ta)和 E75(10Cr－7Ta)单晶合金作为对比合金来研究 Ta 对高 Cr 含量合金热腐蚀行为的影响。其具体成分见表 2－1。图 3－15 给出了几种实验合金经过标准热处理后的组织。由图可见，几种合金的微观组织相似，合金中的共晶都几乎完全消除，γ′呈立方体形态。

3.3.2　Ta 对高 Cr 合金 750℃热腐蚀行为的影响

3.3.2.1　热腐蚀动力学

E7、E71、E73 和 E75 四种单晶合金在 750℃下的热腐蚀动力学曲线如图 3－16 所示。200h 内四种合金的热腐蚀动力学曲线相似，均符合直线规律，但样品的最终增重稍有差异。其中 E7 合金增重最小，最终增重约为 $10mg/cm^2$，而 E73 合金增重最大，最终增重约为 $12mg/cm^2$。

3.3.2.2　热腐蚀样品宏观形貌

四种单晶合金在 750℃下经过 200h 热腐蚀后的宏观形貌非常相似，因此只在图 3－17 中给出了 E7 的宏观形貌。可以看出，经过 200h 热腐蚀之后，样品呈现出完整而致密的褐色表面，其上可见白色的盐膜。

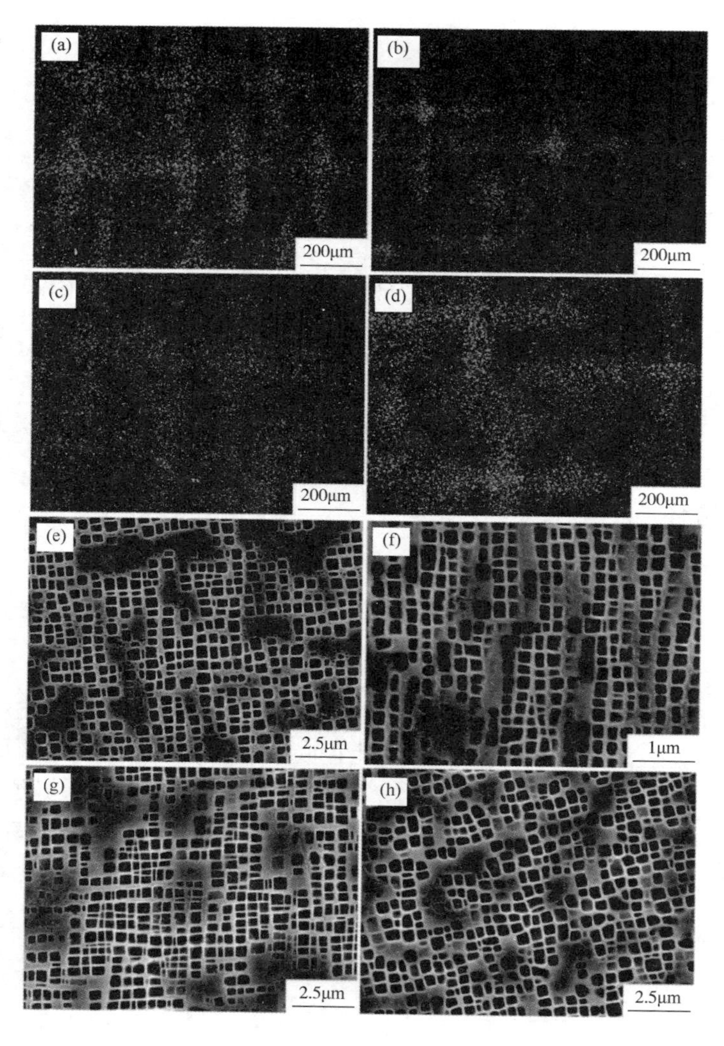

图 3－15　E7[（a）和（e）]、E71[（b）和（f）]、E73[（c）和（g）]和E75[（d）和（h）]单晶合金的标准热处理组织

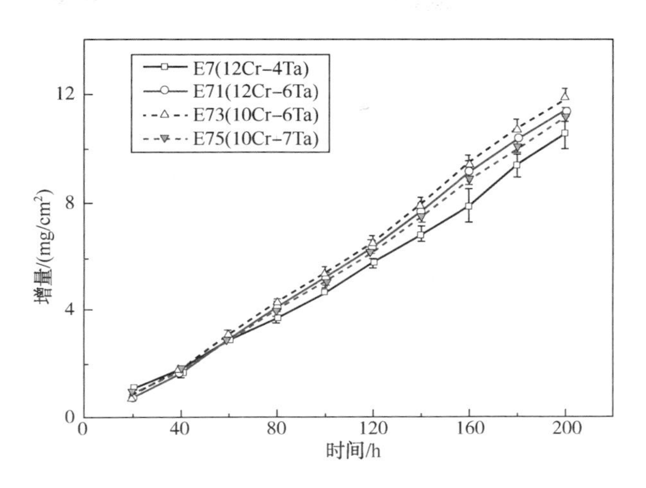

图 3－16　E7、E71、E73 和 E75 单晶合金在 750℃的热腐蚀动力学曲线

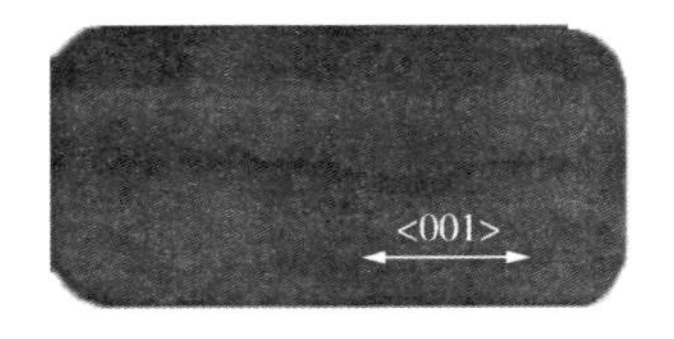

图 3－17　E7 单晶合金在 750℃下经过 200h 热腐蚀后的宏观形貌

3.3.2.3　表面及截面形貌

采用 SEM 对合金样品的表面和截面进行观察发现，四种单晶合金在 750℃下经历 200h 热腐蚀之后，其外观形貌相似。因此，本书此处仅选取 E7 合金样品表面和截面组织进行说明，如图 3－18 所示。200h 腐蚀之后，样品表面被一层灰色多孔的物质[图 3－18(a)中“A”点所示]覆盖。从截面看，样品表面的灰色物质[图 3－18(b)中“B”点所示]厚约 30μm，其间分布有贯穿的裂纹，基体与灰色物质覆盖层之间的边缘整

齐、清晰。经 EDS 分析[图 3－18(c)]，样品表面的灰色物质为硫酸钠盐。

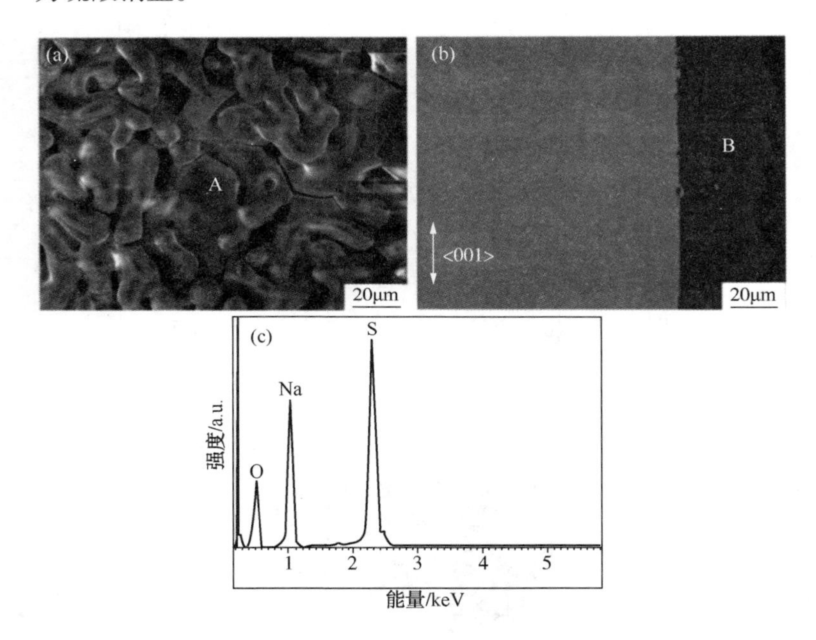

图 3－18　(a)和(b)：E7 单晶合金在 750℃下经过 200h 热腐蚀后的典型表面和截面形貌；(c)：图(a)中"A"点和图(b)中"B"点的 EDS 分析结果

3.3.3　Ta 对高 Cr 合金 900℃热腐蚀行为的影响

3.3.3.1　热腐蚀动力学

E7、E71、E73 和 E75 四种单晶合金在 900℃的热腐蚀动力学曲线如图 3－19 所示。由图可见，相同 Cr 含量的合金分别服从相同的热腐蚀规律。12Cr 合金(E7 和 E71)服从直线动力学规律，最终增重约为 $4mg/cm^2$。10Cr 合金(E73 和 E75)在

200h 以内也服从直线规律，但在 200h 时，动力学曲线出现明显的拐点，样品的增重量急速上升，最终两个合金的增重约为 $9mg/cm^2$。

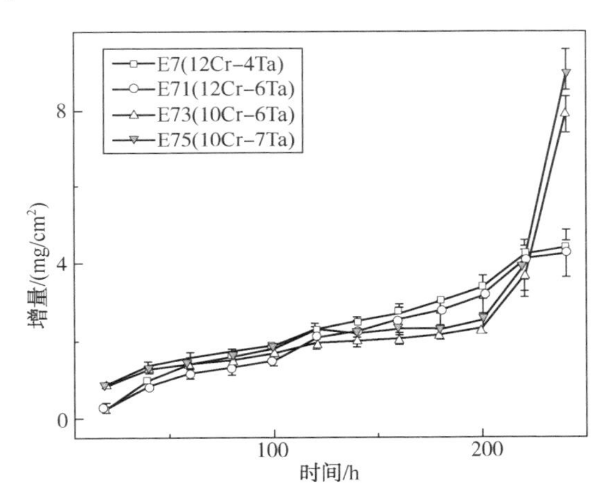

图 3－19　E7、E71、E73 和 E75 单晶合金在 900℃的热腐蚀动力学曲线

3.3.3.2　热腐蚀样品宏观形貌

图 3－20 为四种单晶合金在 900℃下经过 240h 热腐蚀后的宏观形貌。由图可知，经过 240h 热腐蚀后，E7 和 E71 合金样品表面氧化物完整致密，呈黄绿色。E73 和 E75 样品表面的大部分区域呈现出和 E7、E71 相同性状的黄绿色、完整致密形貌，但在其表面部分区域出现了黑色以及银白色的产物，这些产物呈现出易剥落的倾向，并且在样品的顶角处均已经出现了少许的剥落现象。

3.3.3.3　腐蚀产物 XRD 分析

四种单晶合金在 900℃热腐蚀 20h 和 240h 之后生成产物的 XRD 分析结果如图 3－21 和表 3－1 所示。

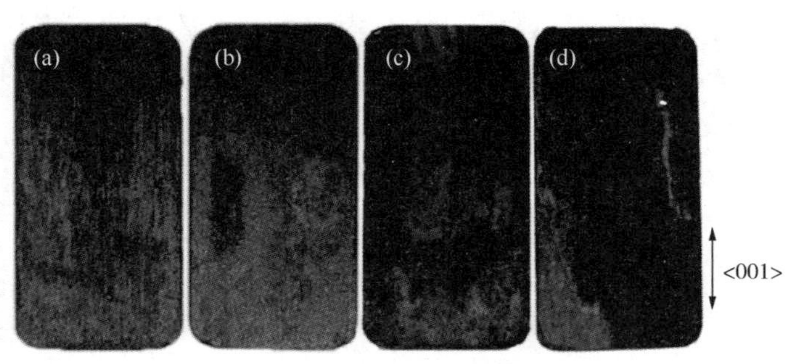

图 3－20　E7（a）、E71（b）、E73（c）和 E75（d）单晶合金在900℃下经过 240h 热腐蚀后的宏观形貌

在热腐蚀进行 20h 之后，XRD 衍射图中存在强烈的基体峰，说明四种合金样品表面的氧化膜都很薄。虽然合金成分有所差异，但所有合金样品上都生成了 Cr_2O_3 和 TiO_2。随着 Ta 和 Cr 含量的变化，不同的合金表面还存在着复杂的氧化物及尖晶石。Ta 含量最低的 E7 合金表面除了生成 Cr_2O_3 和 TiO_2 外，还形成了 $NiCr_2O_4$，但没有生成含 Ta 的产物。由于 Ta 含量的增加，E71 合金除了生成与 E7 合金相同的产物之外，还形成了含 Ta 产物 TaO_2 和 $TiTaO_4$。与 E7 合金相比，E73 合金中 Ta 和 Cr 的相对含量发生了较大变化，其腐蚀产物组成也最为复杂。除了形成 Cr_2O_3 和 TiO_2 外，合金中还出现了含 Ta 产物 $NaTaO_3$ 和 $AlTaO_4$，以及大量的含 Ni 产物 NiO、$NiTiO_3$ 和 $NiWO_4$。随着 Ta 含量的进一步增加，E75 合金中出现了大量的含 Ta 产物 $CrTaO_4$ 和 $NiTa_2O_6$，同时在 E75 合金中还发现了一种新的复杂产物 $Na_2Cr_2Ti_6O_{16}$。

热腐蚀进行到 240h，四种合金样品都生成了较厚的氧化膜，基体峰消失。但与 20h 相比，样品的腐蚀产物组成都变得相对简单。其中，Cr_2O_3 仍然是存在于所有样品上的一种腐蚀产物，而 TiO_2 则仅在 E73 和 E75 合金上出现。E7 和 E71 合金

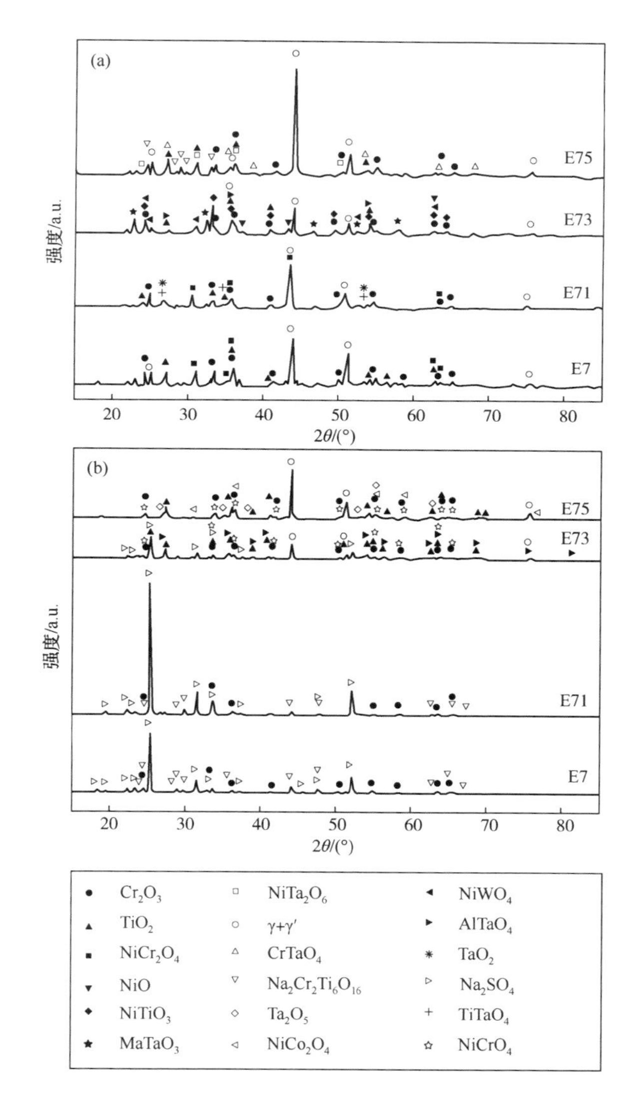

图 3－21　E7、E71、E73 和 E75 单晶合金在 900℃ 热腐蚀 20h（a）和 240h（b）之后的产物 XRD 衍射图

的产物组成相同，都含有 Cr_2O_3 和 $Na_2Cr_2Ti_6O_{16}$。随着 Ta 和 Cr 相对含量的变化，E73 合金上出现了含 Ta 尖晶石 $AlTaO_4$ 以及含 Ni 尖晶石 $NiCrO_3$。对于 E75 合金，其 Ta 和 Cr 的相对含量进一步变化，合金腐蚀产物中未发现含 Ta 尖晶石，取而代之的则是 Ta_2O_5。除此之外，含 Ni 尖晶石 $NiCrO_3$ 和 $NiCo_2O_4$ 也出现在合金产物中。另外，与 E7、E71 和 E73 合金相比，E75 合金的 XRD 结果未发现 Na_2SO_4 的峰。

表 3-1　E7、E71、E73 和 E75 单晶合金在 900℃不同热腐蚀时间之后的 XRD 结果

900℃	20h
E7	Cr_2O_3，TiO_2，$NiCr_2O_4$，$\gamma+\gamma'$
E71	Cr_2O_3，TiO_2，TaO_2，$NiCr_2O_4$，$TiTaO_4$，$\gamma+\gamma'$
E73	Cr_2O_3，TiO_2，NiO，$NiTiO_3$，$NaTaO_3$，$NiWO_4$，$AlTaO_4$，$\gamma+\gamma'$
E75	Cr_2O_3，TiO_2，$CrTaO_4$，$NiTa_2O_6$，$Na_2Cr_2Ti_6O_{16}$，$\gamma+\gamma'$
900℃	**240h**
E7	Cr_2O_3，$Na_2Cr_2Ti_6O_{16}$，Na_2SO_4
E71	Cr_2O_3，$Na_2Cr_2Ti_6O_{16}$，Na_2SO_4
E73	Cr_2O_3，TiO_2，$AlTaO_4$，$NiCrO_3$，Na_2SO_4
E75	Cr_2O_3，TiO_2，Ta_2O_5，$NiCrO_3$，$NiCo_2O_4$

3.3.3.4　表面腐蚀形貌

四种单晶合金在 900℃热腐蚀 240h 之后的表面形貌及产物的 EDS 分析结果如图 3-22 所示。

由图可见，E7 和 E71 两种合金的表面形貌相似。均被一层灰色的物质(图 3-22 中“A”点所指)所覆盖，经 EDS 分析[图 3-22(e)]，该灰色物质为硫酸钠、铬酸钠和钛酸钠的混合物。在灰色的盐膜中还分布着白色的针状相(图 3-22 中

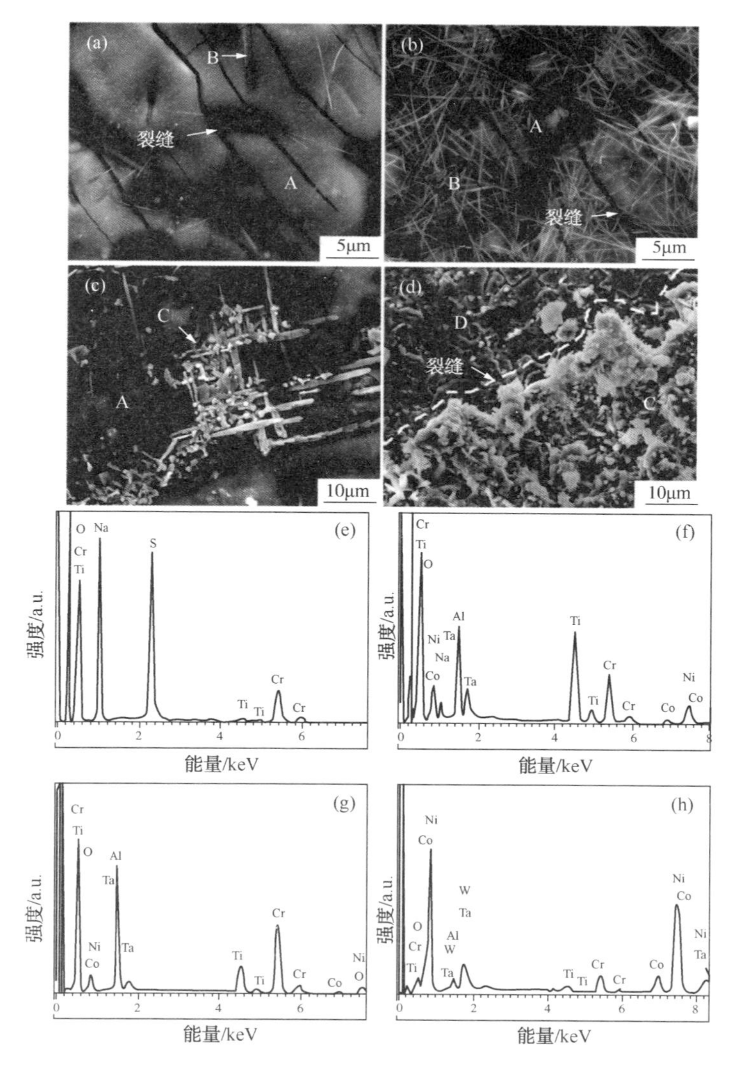

图 3－22　(a)、(b)、(c)和(d)：E7、E71、E73 和 E75 单晶合金在 900℃热腐蚀 240h 之后的表面形貌；(e)、(f)、(g)和(h)：“A”、“B”、“C”和“D”区域的 EDS 分析结果

“B”点所指)，经 EDS 分析[图 3－22(f)]，该相富含 Na、Cr、Ti 和 O。其中，E71 合金上的白色针状相比 E7 合金上的多。另外，两种合金盐膜中都产生了很多裂纹。

E73 合金样品表面的盐膜不如 E7 和 E71 上的盐膜完整，其盐膜下为富含 Cr、Ti 和 Al 的氧化物[图 3－22(c)中“C”点所指]，该氧化物呈编织状形貌。E75 合金上无盐膜存在，并且出现了明显剥落[图 3－22(d)]。其外层的浅灰色块状产物[图 3－22(d)中“C”点所指]富含 Cr，Ti，Al 和 O，而内层的深灰色产物[图 3－22(d)中“D”点所指]则富含 Ni，Co 和 O [图 3－22(h)]。

3.3.3.5　腐蚀层截面形貌

四种单晶合金在 900℃热腐蚀 20h 之后的腐蚀层截面组织如图 3－23 所示，图中产物的标注参考 XRD(图 3－21)和 EDS 的结果。

经过 20h 的热腐蚀，四种合金样品上的腐蚀层形貌相似，均形成了包含外氧化物层、内氧化物层以及内硫化层的三层腐蚀层结构。但由于元素含量不同，产物的组成有所差异，且由 E7 到 E75 合金，腐蚀层逐渐增厚。

E7 合金的外氧化层主要由 Cr_2O_3、TiO_2 和 $NiCr_2O_4$ 组成。与 E7 合金相比，E71 合金最外层的白色含 Ta 产物增多。通过 XRD 和 EDS 分析确认，这些产物为 TaO_2 和 $TiTaO_4$。随着 Ta 含量的进一步增加，E73 和 E75 合金外层的白色含 Ta 产物进一步增多。几个合金的内氧化层均为 Al_2O_3，其中 E71 合金中含量最大，其次是 E7 合金，E73 和 E75 合金上的 Al_2O_3 含量很少。内硫化层主要以颗粒状的 CrS_x 为主，其中，E7 合金中的硫化物含量最少，而 E73 合金中的含量最多。

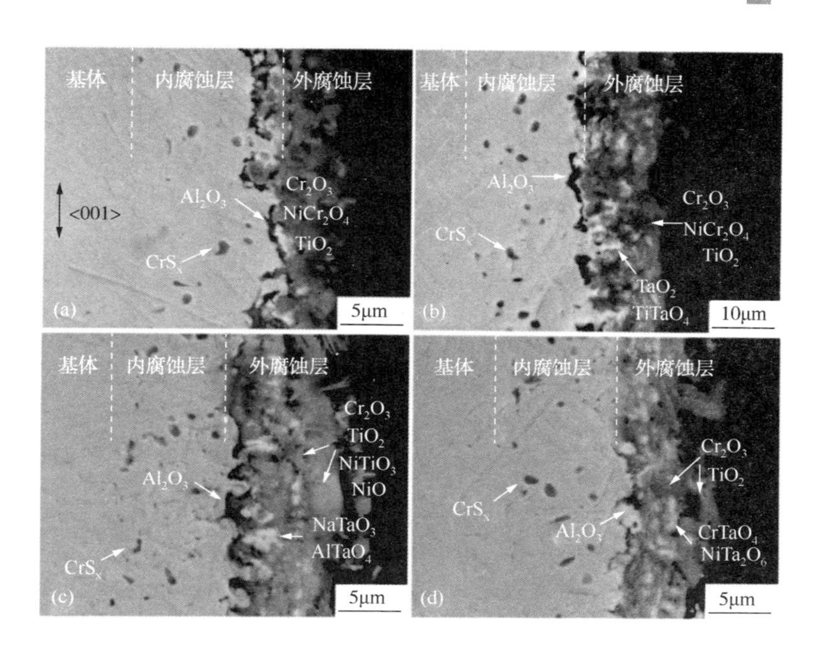

图 3－23　E7（a）、E71（b）、E73（c）和 E75(d)单晶合金在 900℃热腐蚀 20h 之后的腐蚀层截面形貌

合金经过 240h 热腐蚀之后的截面组织如图 3－24 所示。与热腐蚀 20h 后的组织相比，E7 和 E71 合金的腐蚀层结构几乎没有变化，而 E73 和 E75 合金的腐蚀层则发生了较大的变化。E7 和 E71 合金的最外层 Cr_2O_3依然致密，内层的 Al_2O_3更为连续，硫化物数量增多。与 20h 相比，两种合金样品的最外层均出现了连续的盐膜。E73 合金的外层仍为灰色的富含 Ni 和 Cr 的氧化物，但内层的氧化物已明显向基体内伸展，而且基体中出现了大量的裂纹以及大型的孔洞。与前三种合金不同，E75 合金的外层呈疏松多孔的形貌，基体出现大量裂纹和孔洞，硫化层基本消失。

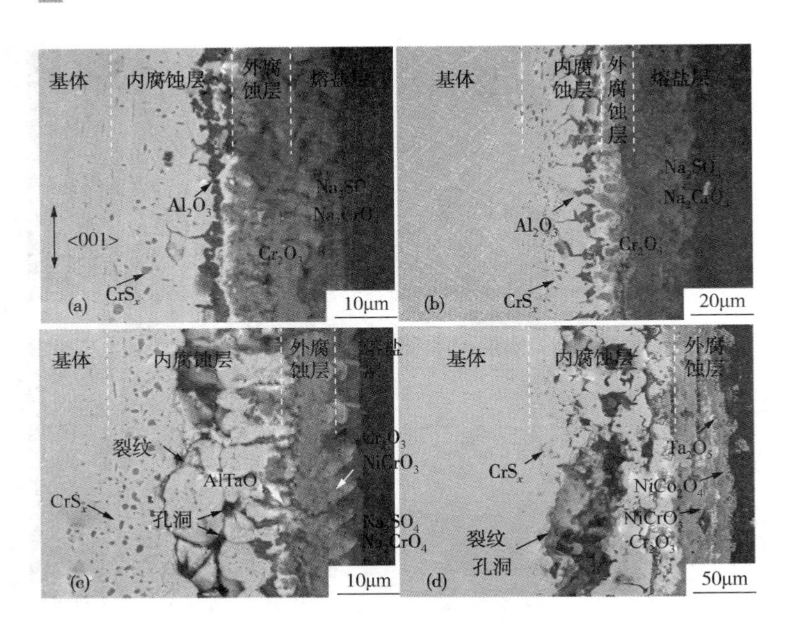

图 3－24　E7（a）、E71（b）、E73（c）和 E75(d)单晶合金在 900℃热腐蚀 240h 之后的腐蚀层截面结构

3.3.4　Ta 对高 Cr 合金 950℃热腐蚀行为的影响

3.3.4.1　热腐蚀动力学

E7、E71、E73 和 E75 四种单晶合金在 950℃的热腐蚀动力学曲线如图 3－25 所示。与 900℃的热腐蚀行为相似，相同 Cr 含量的合金也同样服从相同的热腐蚀规律，但四种合金的热腐蚀增重速率比 900℃时更快。12Cr 合金(E7 和 E71)在 160h 内服从直线动力学规律，最终增重约为 $4mg/cm^2$。10Cr 合金(E73 和 E75)在 100h 内服从直线规律，但在 100h 时，动力学曲线出现明显的拐点，表明 E73 和 E75 合金的热腐蚀孕

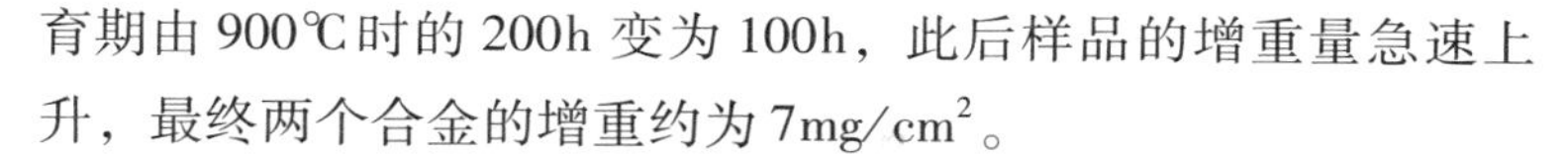

育期由 900℃时的 200h 变为 100h，此后样品的增重量急速上升，最终两个合金的增重约为 7mg/cm^2。

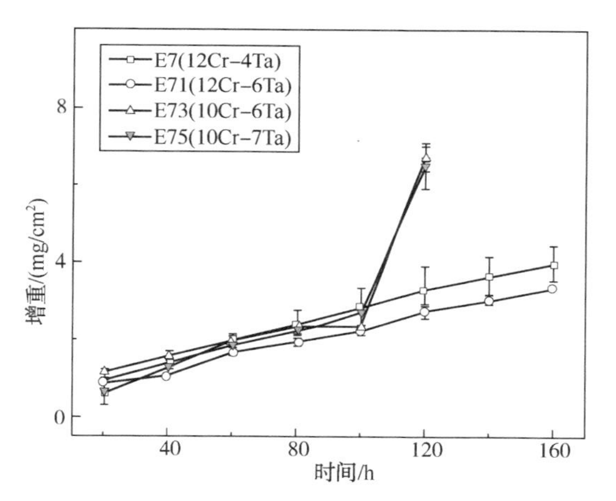

图 3－25　E7、E71、E73 和 E75 单晶合金在 950℃的热腐蚀动力学曲线

3.3.4.2　热腐蚀样品宏观形貌

四种单晶合金在 950℃热腐蚀开始 100h 内的宏观形貌与 900℃的热腐蚀形貌类似，均呈黄绿色(图 3－26)。但是，在 120h 热腐蚀之后，E73 和 E75 合金样品表面出现大面积的剥落，且表面颜色由之前的黄绿色突变为黑色和绿色。而 E7 和 E71 合金样品在经过 160h 热腐蚀之后，其表面的氧化膜依然保持完整致密，仍然呈现出黄绿色的形貌。由于 E73 和 E75 两种合金的样品在 120h 热腐蚀之后已严重破坏，因此对 E73 和 E75 合金只进行了 120h 的热腐蚀实验，而 E7 和 E71 合金则进行了 160h 的热腐蚀实验，以更好地比较 Ta 和 Cr 对热腐蚀行为的影响。

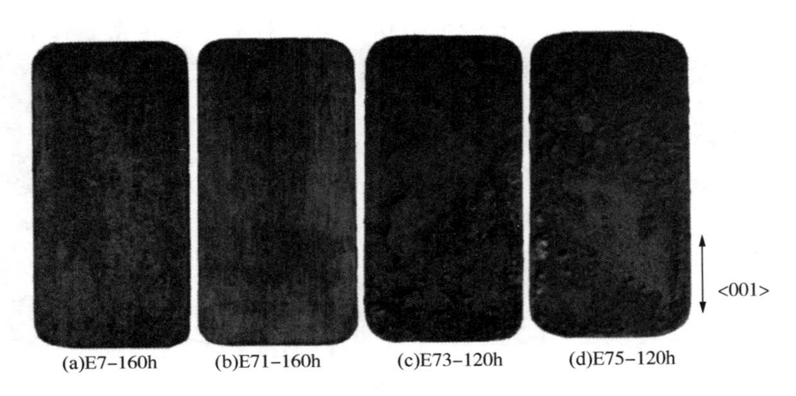

图 3-26　E7（a）、E71（b）、E73（c）和 E75（d）单晶合金在 950℃下经过不同热腐蚀时间后的宏观形貌

3.3.4.3　腐蚀产物 XRD 分析

四种单晶合金在 950℃进行热腐蚀之后产物的 XRD 分析结果如图 3-27 和表 3-2 所示。热腐蚀进行 20h 之后，XRD 衍射图中存在强烈的基体峰，表明四种单晶合金样品表面的氧化膜都很薄。XRD 分析结果表明，这四种单晶合金样品表面形成的氧化膜类似，都主要由 Cr_2O_3、Ta_2O_5、$Na_2Cr_2Ti_6O_{16}$ 以及含 Ni 尖晶石 $NiTiO_3$ 或 $NiCrO_3$ 组成。另外，在 E7 和 E75 合金中还生成了含 Ta 尖晶石 $CrTaO_4$。

需要指出的是，为了避免 XRD 分析时破坏 E73 和 E75 合金样品的原始形貌（这两种样品 120h 热腐蚀后破坏严重），笔者未对 E73 和 E75 合金 120h 热腐蚀后的样品进行 XRD 分析，而只对 E7 和 E71 合金在 160h 的腐蚀样品进行了 XRD 分析。分析结果表明，与 20h 相比，两种合金上都出现了 Na_2SO_4 的衍射峰，$NiTiO_3$ 和 $NaTaO_3$ 是主要的腐蚀产物。另外，在 E7 合金上还发现了少量的 $NiCr_2O_4$。

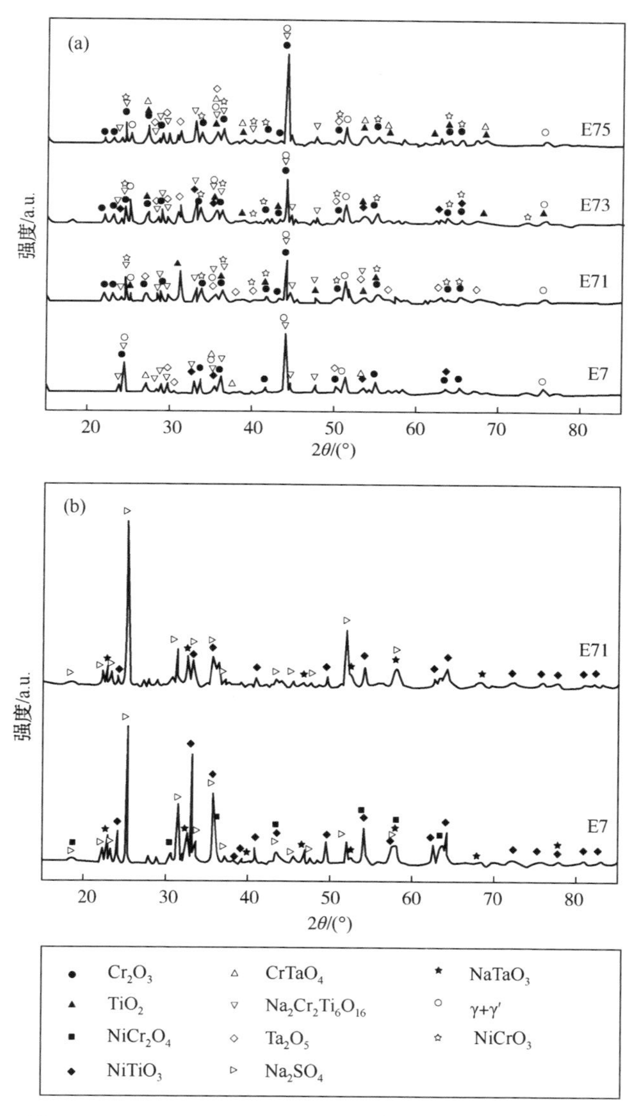

图3-27　E7、E71、E73和E75单晶合金在950℃经过20h(a)和160h(b)热腐蚀之后的产物XRD衍射图

与900℃热腐蚀产物相比，四种单晶合金在950℃热腐蚀20h后所生成的腐蚀产物更加复杂多样，且都出现了Ta_2O_5和$Na_2Cr_2Ti_6O_{16}$。在长时间热腐蚀之后，合金形成的稳定腐蚀产物不是Cr_2O_3，而是$NiTiO_3$和$NaTaO_3$。

表3－2　E7、E71、E73和E75单晶合金在950℃不同热腐蚀时间之后的XRD结果

950℃	20h
E7	Cr_2O_3，Ta_2O_5，$NiTiO_3$，$CrTaO_4$，$Na_2Cr_2Ti_6O_{16}$，$\gamma+\gamma'$
E71	Cr_2O_3，TiO_2，Ta_2O_5，$NiCrO_3$，$Na_2Cr_2Ti_6O_{16}$，$\gamma+\gamma'$
E73	Cr_2O_3，TiO_2，Ta_2O_5，$NiTiO_3$，$NiCrO_3$，$Na_2Cr_2Ti_6O_{16}$，$\gamma+\gamma'$
E75	Cr_2O_3，TiO_2，Ta_2O_5，$NiCrO_3$，$CrTaO_4$，$Na_2Cr_2Ti_6O_{16}$，$\gamma+\gamma'$
950℃	160h
E7	$NiTiO_3$，$NaTaO_3$，$NiCr_2O_4$，Na_2SO_4
E71	$NiTiO_3$，$NaTaO_3$，Na_2SO_4

3.3.4.4　表面腐蚀形貌

基于同样的道理，本书也只对E7和E71合金在160h热腐蚀后的样品表面进行了SEM分析。由图3－28可见，这两种合金的表面均被一层灰色的物质（图3－28中“A”点所指）所覆盖，虽然此灰色物质的形貌有所差异，但EDS分析表明[图3－28(e)]，这两种物质的成分相同，均为硫酸钠、铬酸钠和钛酸钠的混合物。

与900℃相比，950℃热腐蚀后样品表面的盐膜形貌明显不同，且在样品表面观察不到针状或编织状的氧化物。

3.3.4.5　腐蚀层截面形貌

四种单晶合金在950℃热腐蚀之后的腐蚀层截面组织如图

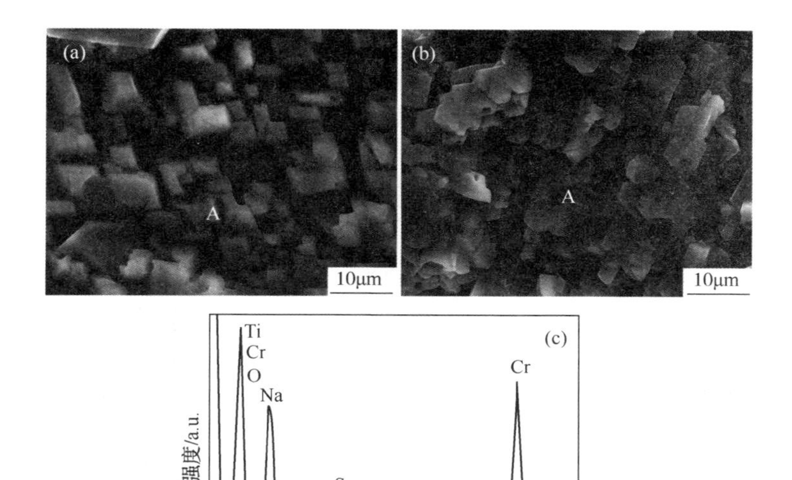

图 3－28　E7(a)和 E71(b)单晶合金在 950℃热腐蚀 160h 之后的表面形貌；(c)：图(a)和(b)中“A”点的 EDS 分析结果

3－29 所示，图中产物的标注参考 XRD(图 3－27)和 EDS 的分析结果。

经过 20h 的热腐蚀，四种合金样品上的腐蚀层形貌相似，均形成了包含外氧化物层、内氧化物层以及内硫化层的三层腐蚀层结构。但由于合金中 Ta 和 Cr 等关键元素含量不同，产物的组成有所差异。

四种单晶合金的最外层均为富含 Cr、Ni 和 Ti 的灰色氧化物，其中还分布着白色的含 Ta 氧化物或尖晶石。随着 Cr 含量的降低和 Ta 含量的上升，含 Ta 产物的含量增加，其中 E71 和 E75 合金样品中的含 Ta 产物最多。四种合金的内氧化层均为

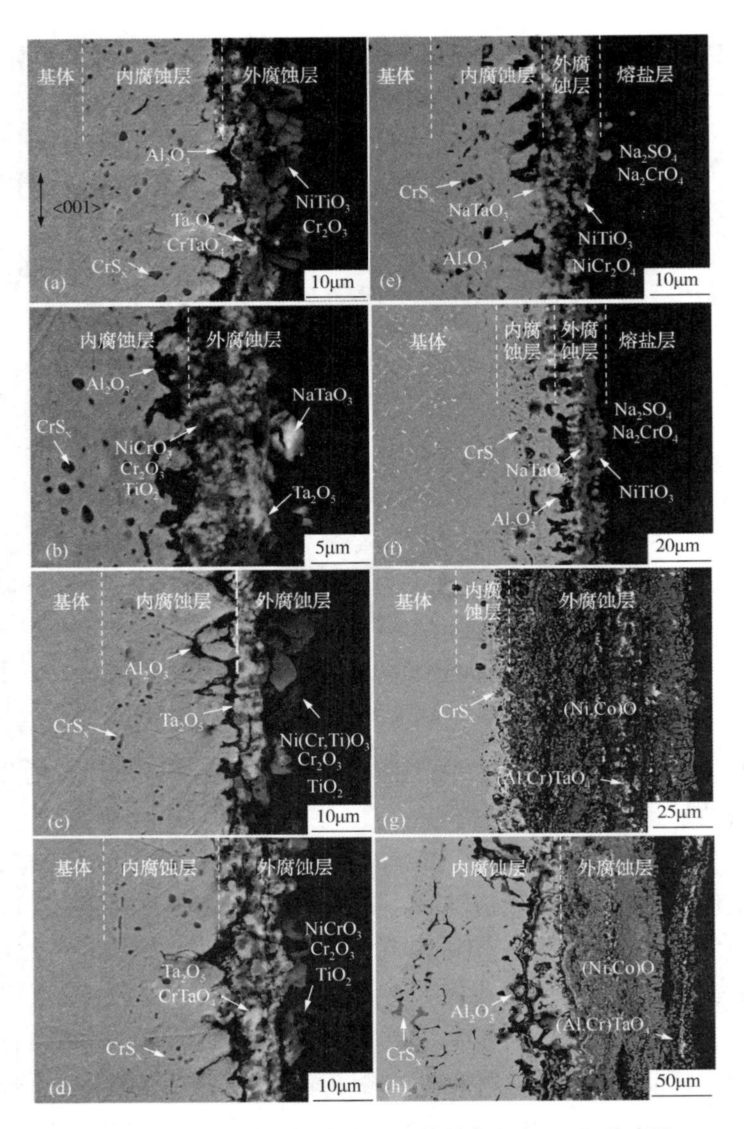

图 3－29　E7、E71、E73 和 E75 单晶合金在 950℃热腐蚀不同时间之后的腐蚀层截面形貌

Al_2O_3，内硫化层均为颗粒状的 CrS_x。

经过 160h 热腐蚀后，E7 和 E71 合金表面出现了一层很厚的盐膜，而盐膜之下的腐蚀产物组成与 20h 相比没有明显变化，但腐蚀产物更加致密。E73 和 E75 合金在长时间热腐蚀之后腐蚀层成分和形貌发生了较大的变化，最外层由致密的富含 Cr、Ti 的氧化物变为疏松多孔的 NiO，E75 合金的外腐蚀层中还发生了剥落，如图 3－29(h)所示。

3.4　分析与讨论

热腐蚀可分为高温热腐蚀(I 型热腐蚀)和低温热腐蚀(II 型热腐蚀)。高温热腐蚀发生时，沉积的硫酸钠处于熔融状态，液态 Na_2SO_4破坏合金表面的保护性氧化膜，使合金失效。低温热腐蚀发生时，Na_2SO_4尚属于固态，此时热腐蚀的发生主要是由于形成低熔点的 $NiSO_4-Na_2SO_4$或 $CoSO_4-Na_2SO_4$共晶盐所致，即初始形成的氧化膜和气氛中的 SO_3反应，形成它们对应的共晶盐，引起热腐蚀[60,112,113]。

由于本实验中 750℃ 热腐蚀实验时并没有在气氛中引入 SO_3，而此时 Na_2SO_4 的挥发又不足以达到引起低温热腐蚀的 SO_3分压，进而导致实验时并没有观察到明显的低温热腐蚀现象。因此，本书将讨论的重点放在 900℃ 和 950℃ 的热腐蚀行为上。

在熔融的 Na_2SO_4盐中存在以下反应[53]：

$$SO_4^{2-} = O^{2-} + SO_3 = O^{2-} + 1/2\ S_2 + 3/2\ O_2 \quad (3-1)$$

当涂盐样品放入 900℃ 或 950℃ 高温炉中后，合金表面的 Na_2SO_4盐即发生上述反应，合金表面随之被氧化，形成 Ni、

Cr、Al 等的混合氧化物。对于 Cr 含量较低的合金 E74 和 E76，合金的外表面最终会形成一层以 NiO 为主、同时包含有 Co、Cr、Al、Ta 等氧化物的外氧化层[26]，与此同时氧化物之间发生固态反应生成尖晶石。对于 Cr 含量较高的合金 E7、E71、E73 和 E75，样品的表面最终会形成一层完整的 Cr_2O_3，同时生成少量的尖晶石。

相对于金属离子而言，氧离子更容易通过初始形成的氧化层[77]，到达氧化层与基体的界面处，并在此处形成一个较低的氧分压。根据 Ni－Cr－Al 三元合金的氧化理论可知，较低的氧分压将促进 Al_2O_3的选择性氧化，即在外氧化层下方形成一层 Al_2O_3[26]，而这一层 Al_2O_3的连续性则取决于合金中 Al 元素的含量。

随着氧化反应对 O_2的消耗，反应式(3－1)持续向右进行，硫活度上升，促使硫穿过初始形成的外氧化层和内氧化层到达基体，并在基体中形成硫的浓度梯度[53]。至此，基体中同时存在着氧和硫的浓度梯度。由热腐蚀热力学可知，在氧分压小于某一临界值时，硫化物将可以稳定存在。因此，在热腐蚀前沿氧分压较小的区域形成了一个硫化物层。外氧化物层、内氧化物层和内硫化层，即是典型的热腐蚀三层结构。

随着热腐蚀的进行，外氧化层不断增厚，与此同时，外层的氧化物也会与熔盐反应。Cr_2O_3的抗热腐蚀性能好，因此，形成 Cr_2O_3膜的合金内部不受熔盐的腐蚀，内腐蚀程度轻。不耐腐蚀的 NiO 被腐蚀出许多的孔洞[44,46,53,65]，腐蚀介质由此进入基体内部，引起严重的内腐蚀。

由于硫化物的稳定性较氧化物小，当氧扩散到内硫化层时，会发生硫化物的氧化，如：

$$4CrS + 3O_2 = 2Cr_2O_3 + 2S_2 \quad \Delta G_{900℃} = -1338348.6J \tag{3-2}$$

氧化物在原来的硫化物处形成，释放的硫元素部分偏聚于内部孔洞的表面[114-118]，另一部分则继续向基体内部扩散，在更前沿的区域形成新的硫化物[51]。氧化和硫化交替进行，腐蚀因此不断地向前发展，形成层状的腐蚀层形貌(图 3-13)。

由于氧化和硫化的不断进行，反应式(3-1)持续向右进行，O^{2-}不断富集，致使熔盐的碱度升高，当盐的碱度达到一定程度便会引起氧化膜的溶解，即发生所谓的熔融反应，形成一个疏松多孔的腐蚀层[119]。

由于各个合金的成分不同，在热腐蚀中所形成的产物也不相同，这就导致它们的孕育期长短不同，但热腐蚀过程及机制基本相同。

3.4.1　Ta 对低 Cr 合金 900℃热腐蚀行为的影响机理

由实验结果可以看出，提高 Ta 含量延长了低 Cr 合金的热腐蚀孕育期，延缓了熔盐对 NiO 的腐蚀，抑制了合金严重内腐蚀的发生。

在热腐蚀过程中，两个合金的外表面都生成了 NiO 层。低 Ta 合金 E74 的 NiO 晶粒在 60h 开裂并产生大量孔洞，高 Ta 合金 E76 的 NiO 层较为致密，在实验后期才出现裂纹及贯穿的孔洞。另外，在热腐蚀初期，E76 合金的 NiO 层中间形成了一个连续的白色 $NaTaO_3$ 层，在整个热腐蚀过程中一直存在。而 E74 合金虽然也生成了 $NaTaO_3$，但并不连续，且在 60h 后就不复存在(图 3-7)，取而代之的是 $Na_2(Mo, W)O_4$(图 3-8

和图3－10）。

两种合金样品内部均为网状的腐蚀产物。E74合金的腐蚀产物网络较E76合金更为发达，在200h后已遍布整个样品内部，而E76合金的腐蚀网络在160h后就停止了蔓延。除此之外，二者腐蚀网络的组成有所不同。E76合金的腐蚀产物网络由Cr_2O_3、Ta_2O_5和Al_2O_3三种氧化物组成（图3－14），而E74合金的腐蚀网络不仅包含氧化物，还包含液态的NiS_x（图3－9）。E74合金的内硫化产物为CrS_x和NiS_x，而E76合金的内硫化物为CrS_x和TaS_2。

对E74和E76合金的热腐蚀产物进行对比可以发现，Ta明显促进$NaTaO_3$和TaS_2的生成。

Ta促进$NaTaO_3$的生成并抑制液态$Na_2(Mo, W)O_4$的生成已有报道。在热腐蚀过程中存在这样的反应[68]：

$$(Mo, W)O_3(l) + Na_2SO_4(l) = Na_2(Mo, W)O_4(l) + SO_3(g) \tag{3-3}$$

$$Ta_2O_5(s) + Na_2SO_4(l) = 2NaTaO_3(s) + SO_3(g) \tag{3-4}$$

反应式（3－4）的ΔG比反应式（3－3）的更负[68]，因此式（3－4）更容易发生。E76合金中含有足够的Ta，在热腐蚀过程中Ta被氧化生成Ta_2O_5，Ta_2O_5与Na_2SO_4反应生成固态的$NaTaO_3$。而E74合金中的Ta含量较低，不足以抑制液态的$Na_2(Mo, W)O_4$的生成，因此，E74合金在80h后生成了$Na_2(Mo, W)O_4$。由于离子在液相中的扩散比在固相中快，热腐蚀过程中一旦有液相存在，那么热腐蚀速率会明显加快。而且，液相具有较大的摩尔体积，生成之后会引起氧化膜破裂，降低合金的抗热腐蚀性能。因此，E76合金的抗热腐蚀性能要远好于E74合金。

需要强调的是，TaS_2在高温合金热腐蚀过程中形成尚属首次观察到。因此，有必要对其形成机理及转化过程进行深入讨论。E74 合金硫化层的成分演化规律为 $CrS_x \rightarrow CrS_x + NiS_x$（80h），而 E76 合金硫化层的成分演化规律为 $CrS_x \rightarrow CrS_x + TaS_2$（40h）$\rightarrow TaS_2$（120h）$\rightarrow CrS_x + TaS_2$（160h）。通过对比不难发现，在热腐蚀初始阶段，两种合金的内硫化产物均为 CrS_x，一段时间之后，E76 合金中出现了 TaS_2，E74 合金中出现了 NiS_x，TaS_2为固态，而 NiS_x为液态。

硫化物的生成是金属在硫酸盐体系中热腐蚀的一个重要特征。在热腐蚀环境下，合金元素的氧化将引起 Na_2SO_4中硫活度的上升，硫得以穿过外腐蚀层到达基体，并在基体中形成硫活度梯度[53]。在内腐蚀层前沿，氧分压非常低，由金属的 M－S－O 平衡状态图可知，氧分压小于某一临界值时硫化物可稳定存在，扩散至此的硫与合金元素生成硫化物，形成内硫化物层。

硫化物的熔点一般比相应的氧化物低，因此硫化物比氧化物具有更大的危害，在热腐蚀过程中，合适的元素捕获硫形成固态的硫化物，对于保持良好的抗热腐蚀性能非常关键。传统的抗热腐蚀高温合金热腐蚀形成的内硫化产物一般为 Cr 和 Ti 的硫化物，它们在热腐蚀温度下均为固态[17,21]，而抗热腐蚀性能较差的合金则易出现液态 NiS_x。在高温合金的热腐蚀中少有关于形成 TaS_2的报道，只有在研究过渡族金属的氧化物和硫酸钠在 627～927℃的反应时，观察到了固态 TaS_2的形成[63]。结合热腐蚀发生的环境，本实验中 CrS_x、TaS_2和 NiS_x的生成受热力学和动力学两方面因素的影响。

热力学方面的影响因素主要是指硫化物的标准生成自由能和硫化物能够稳定存在的临界氧分压。标准生成自由能（ΔG^0）

越负的硫化物稳定性越高，越容易生成。图 3-30 是典型硫化物的 Ellingham 图[121]。由图可见，几种硫化物的标准生成自由能按下面的顺序递增：

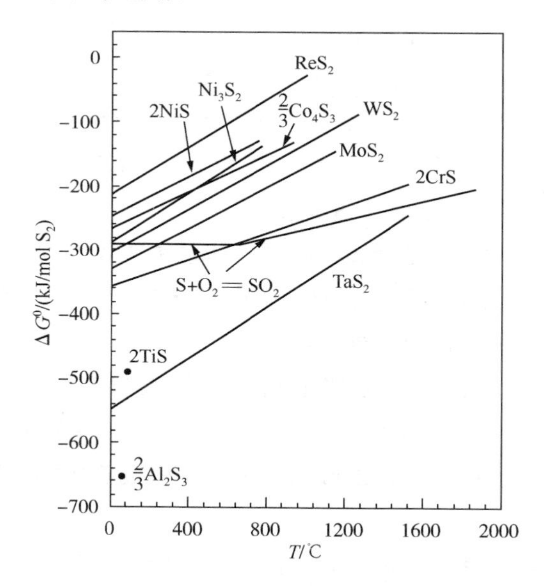

图 3-30　典型硫化物的 Ellingham 图[121]

注：图中为金属与 1mol S_2 反应产生的数据。

$$Al_2S_3 < TaS_2 < CrS < MoS_2 < WS_2 < Ni_3S_2 < ReS_2 \tag{3-5}$$

Al 的硫化物 Al_2S_3 稳定性最高，Re 的硫化物最不稳定。在所有的氧化物中，TaS_2 的稳定性仅次于 Al_2S_3，这意味着在相同条件下，Ta 和硫具有很高的亲和力，Ta 容易捕获硫形成 TaS_2。CrS 也有很高的稳定性，但要低于 TaS_2。而 Ni_3S_2 的稳定性比较低。

硫化物和其对应氧化物之间的临界氧分压也是影响硫化物存在的一个重要因素。在热腐蚀过程中，氧和硫穿过氧化物层到达基体，在基体中形成氧和硫的活度梯度。由 M－S－O 平衡状态图可知，氧分压小于某一临界值时硫化物才可稳定存在[61,63]。因此，硫化物的生成也要受到此处氧分压的影响。图3－31给出了由 HSC Chemistry® version 6.0 计算出的几种合金元素对应的 M－S－O 图。由图3－31(a)可以看出，TaS_2稳定存在的临界氧分压要小于 $CrS_{1.5}$稳定存在的氧分压，即 TaS_2 要在氧分压较低的地方才能形成。几种硫化物对应的临界氧分压按下面的顺序递增[图3－31(b)]：

$$Al_2S_3 < TaS_2 < CrS_{1.5} < (Ni, Co, W, Mo, Re) - sulfides \quad (3-6)$$

实际氧化或硫化反应不仅受热力学因素的影响，更要受动力学因素的控制。合金元素的含量及其扩散速率就是影响其动力学的主要因素。文献中指出，Ni－5Cr 合金在氧化时，最初由热力学因素控制形成 Cr_2O_3，而最后合金的氧化层实际却是 NiO。这是因为合金中的 Cr 含量未达到形成完整 Cr_2O_3膜的程度，因此元素的含量将影响其动力学，并最终决定其氧化产物组成为 NiO[122]。元素的扩散速率也会影响元素在热腐蚀过程中的反应动力学，扩散较快的元素将有更多的机会与硫反应。在镍基高温合金中，元素的扩散速率按以下顺序减小[77,123]：

$$Ta > Al > Cr > Co > W > Re \quad (3-7)$$

综合考虑以上四点，Al 与硫的亲和力最高，但是 Al_2S_3的存在要求较低的氧分压，热腐蚀产生的氧化膜一般难以保证基体中很低的氧分压，而且大量的 Al 会被氧化消耗。因此，Al 的硫化物一般难以生成，即使生成也不能稳定存在[61]。Co、Re、Mo 和 W 的硫化物 ΔG^0较高，且在 E74 和 E76 合金中的含量较低、扩散较慢，因此它们的硫化物也不易于生成。TaS_2和 CrS_x的热力学稳定性高，在合金中的含量较大，扩散较快，具

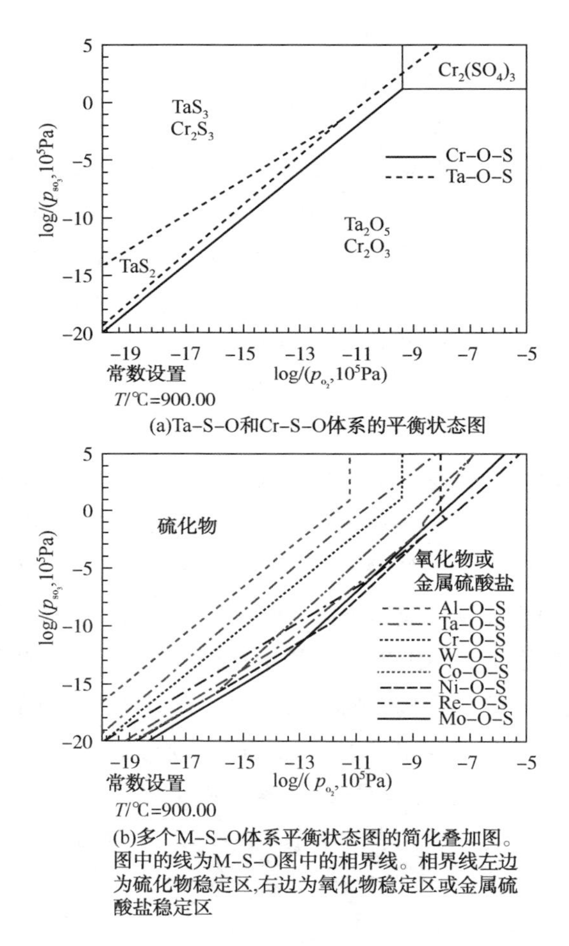

(a)Ta-S-O和Cr-S-O体系的平衡状态图

(b)多个M-S-O体系平衡状态图的简化叠加图。图中的线为M-S-O图中的相界线。相界线左边为硫化物稳定区,右边为氧化物稳定区或金属硫酸盐稳定区

图 3-31　不同体系的 M-S-O 平衡状态图

有出现的可能性。Ni 的硫化物虽然 ΔG^0 较高，但合金中 Ni 的含量占有绝对优势，在长期热腐蚀下，Ni 的硫化物最有可能出现。

热腐蚀开始之后，两种合金内部都生成了 CrS_x。当更多的硫进入基体后，合金中的 Cr 不足以捕获硫，需要其他元素承

担固硫角色。由于E74合金在80h生成了$Na_2(Mo, W)O_4$，发生了熔融反应，大量的氧通过疏松多孔的腐蚀层进入基体，基体中较高的氧分压限制了CrS_x和TaS_2的生成。同时，E74合金中Ta含量较低，TaS_2在动力学上不易形成。尽管Ni的硫化物热力学稳定性较低，但其在E74合金中的含量最高，Ni_3S_2的形成在动力学上占优势，因此Ni与硫生成Ni_3S_2。由于含有足够的Ta，E76合金在热腐蚀过程中生成了$NaTaO_3$，推迟了熔融反应的发生，较为完整致密的外腐蚀层使得基体内部的氧分压满足TaS_2存在的条件。同时，由于Ta含量较高，TaS_2的形成在动力学上也占优势。因此，在Cr不足的情况下，Ta捕获硫形成TaS_2。

E76合金内硫化层成分的复杂变化与腐蚀层组织形貌密切相关。热腐蚀开始之后，E76合金样品上生成了一个较薄的NiO层和一个不连续的Al_2O_3层，氧和硫以较快的速度向基体内部扩散，基体内的氧分压满足CrS_x存在的条件，此时Ta－S－O系统的稳定产物为Ta_2O_5和$NaTaO_3$[图3－11(a)和图3－31(a)]。随着热腐蚀的进行，更多的硫进入基体，使得硫可以扩散到氧活度更低的基体区域，并在此处形成TaS_2。因此，在40h时TaS_2和CrS_x可同时存在于内硫化层，但TaS_2比CrS_x分布于基体更深处。随着热腐蚀的进行，硫进入到氧分压更低的区域。当基体内部的氧分压允许TaS_2稳定存在时，CrS_x必然也能稳定存在。因此，氧化物的ΔG^0成为决定内硫化层组成的因素，内硫化层中只有ΔG^0更负的TaS_2可以存在。熔融发生之后，疏松的外层使更多的氧得以进入基体，基体的氧分压升高，TaS_2不能稳定存在，释放的硫被Cr捕获，形成CrS_x。随着熔融反应的持续进行，更多的氧进入基体内部，TaS_2和CrS_x都不能稳定存在，释放的硫偏聚于腐蚀层中的孔洞表面。

最终的腐蚀产物为一个疏松多孔的氧化层。

在热腐蚀过程中，E74 和 E76 合金的内部腐蚀层都演化成了网状的形貌，尤其是 E74 合金。分析发现，这些网状形貌的产生与氧在基体内部的扩散行为有关。Martinez - Villafane 等人在研究 Ni - Al 的内氧化时发现，氧沿氧化物/合金界面的扩散速率是其在 Ni 晶格中扩散速率的 $10^2 \sim 10^3$ 倍[124-126]。在热腐蚀过程中，氧会沿已存在的氧化物/合金界面快速扩散到内腐蚀前沿，在此形成新的内氧化物。由于单晶合金中存在着枝晶干和枝晶间的浓度差异，因此，内氧化前沿小的浓度场扰动将改变内氧化物向内延伸的方向，最终长成网状的形貌。氧沿氧化物/合金界面的扩散速率很快，因此网状内氧化物的生长速度很快，一旦内部网状氧化物开始形成，合金将很快被消耗。

在 E74 合金的热腐蚀组织中，网状的内腐蚀产物不仅包含了氧化物，还包含了液态的 NiS_x（图 3 - 9），液相加快了阳离子和阴离子的扩散速率，使得初始形成的网络迅速扩展到整个基体内部。而 E76 合金的内部网络只包含了 Cr_2O_3、Ta_2O_5 和 Al_2O_3 三种氧化物，这三种氧化物在 900℃都是固态。相对于液态而言，离子的扩散速率大大降低。因此，虽然二者在热腐蚀过程中都产生了网状的腐蚀产物，但所包含的成分不同，对热腐蚀性能的影响也不同，NiS_x 的存在加速了 E74 合金的腐蚀。

3.4.2 Ta 对高 Cr 合金 900℃热腐蚀行为的影响机理

从实验结果来看，Ta 含量对高 Cr 合金热腐蚀行为的影响与合金中的 Cr 含量有关，Ta 和 Cr 相对含量的改变影响着合金的热腐蚀产物及热腐蚀行为。

四种单晶合金热腐蚀形成的外氧化层均为富含 Cr、Ta 和 O 的产物，其相对含量与合金的 Ta 和 Cr 含量有关。E7 合金中 Ta 含量最低，因此热腐蚀过程中形成的含 Ta 产物较少，Cr_2O_3是其外氧化膜的主要成分。随着 E71 中 Ta 含量升至 6%（质量分数），热腐蚀中生成了更多的含 Ta 产物 TaO_2和 $TiTaO_4$（图 3－21 和表 3－1），但 Cr_2O_3仍是 E71 合金外氧化膜的主要成分。E73 中 Cr 含量的降低改变了 Cr 和 Ta 的相对含量，生成了大量的含 Ta 产物 $AlTaO_4$和 $NaTaO_3$，二者的生成说明有大量 Ta_2O_5生成。E75 中 Ta 含量的进一步上升使得更多的含 Ta、Ni 产物 $CrTaO_4$、$NiCrO_3$和 $NiTa_2O_6$得以生成。E7、E71 和 E73 合金的腐蚀层较为致密，而 E75 合金的外腐蚀层呈疏松多孔的形貌。

合金样品内部生成了内氧化物和内硫化物，E7 和 E71 合金中的内 Al_2O_3保持相对平直，而 E73 和 E75 合金中的内 Al_2O_3已明显向基体内延伸，有发展成网状的趋势，且其基体中出现了大量的裂纹以及大型的孔洞。另外，四种单晶合金在热腐蚀过程中的显著不同是，E7、E71 和 E73 合金在经过一段时间热腐蚀之后，其表面都聚集了一层残余硫酸钠盐膜，而 E75 合金则没有这层盐膜。

氧化膜成分的不同是造成合金热腐蚀行为不同的一个主要原因。由前文的讨论可知，氧化膜的成分要受到热力学因素（如氧化物的标准生成自由能 ΔG^0）和动力学因素（如元素含量和元素的扩散速率）的双重影响。Cr 和 Ta 是合金中含量相对较多的两种元素，因此了解它们氧化物的生成自由能对于分析热腐蚀过程中产物的组成很有必要。图 3－32 给出了由 HSC Chemistry® version 6.0 计算出的氧化物的 ΔG^0曲线图。由图可见，Ta_2O_5要比 Cr_2O_3的 ΔG^0更负，即 Ta_2O_5在热力学上更容易形

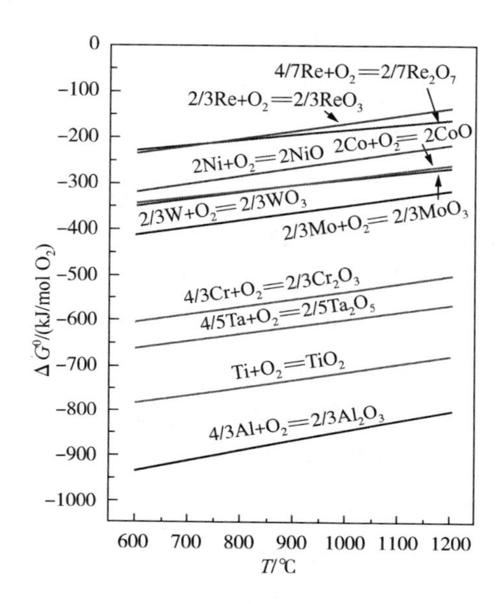

图 3－32　典型氧化物的标准生成自由能曲线

注：采用 HSC Chemistry® 6.0 中的数据绘制。

成。至于氧化膜的组成，不仅受 Ta 和 Cr 的扩散速率(Ta 的扩散速率比 Cr 更快[77,123])影响，还与 Ta 和 Cr 的相对含量有关。

当 Ta/Cr(质量分数)值较低时，如 E7 合金，合金表面的氧化物以 Cr_2O_3 为主，少量 Ta_2O_5 为掺杂。Cr_2O_3 是一种金属不足的 p 型半导体，Ta_2O_5 是一种非金属不足的 n 型半导体，根据 Wagner－Hauffe 的掺杂理论[127]，当 Cr_2O_3 中掺杂有少量的 Ta_2O_5 时，价态更高的 Ta^{5+} 会增加 Cr_2O_3 中的离子缺陷浓度，加快 Cr_2O_3 的生长速率：

$$3\,Ta_2O_5 = 6\,Ta_{Cr}^{\cdot\cdot} + 15\,O_O + 4\,V'''_{Cr} \qquad (3-8)$$

需要指出的是，少量的 Ta_2O_5 掺杂不足以影响长期热腐蚀下外氧化膜的最终组成，含量占优势的 Cr 使得样品表面形成一层连续的 Cr_2O_3 膜。

当合金中的 Ta/Cr 值升高时，Ta 的动力学优势会增加，如 E71 合金，其在热腐蚀过程中会生成大量的含 Ta 尖晶石 $TiTaO_4$，而尖晶石降低了离子的扩散速率[97]，进而降低合金的热腐蚀速率。虽然 Ta 含量上升改变了腐蚀层的产物组成，但长期热腐蚀下并没有对样品的腐蚀产物有实质性的影响，E71 合金的最终腐蚀层仍然是一个连续的 Cr_2O_3膜。

随着合金中的 Ta/Cr 值继续升高，如 E73 合金，其 Ta 和 Cr 的含量已比较相近。由于 Ta_2O_5和 Cr_2O_3的 ΔG^0相近，E73 中的 Ta_2O_5和 Cr_2O_3竞争生长，不能形成完整的 Cr_2O_3膜。虽然 Ta_2O_5也具有优异的抗热腐蚀性能[128,129]，但 Ta_2O_5和 Cr_2O_3缺陷结构以及 PBR 的不同使得二者的混合膜不如单一膜更能有效地抵御热腐蚀的侵蚀，因此，在热腐蚀一段时间后，熔盐进入基体，并在基体中腐蚀出孔洞。

随着合金中的 Ta/Cr 值继续升高（如 E75 合金），Ta_2O_5和 Cr_2O_3的竞争生长更加激烈，这使得膜的防护性能更差。因此，熔盐很快就能进入基体中，产生大量的腐蚀孔洞，且在一定时间后引发碱性熔融，产生疏松的富 Ni 外腐蚀层。

另外，需要注意的是，E7、E71 和 E73 合金上有盐膜存在。在有熔融 Na_2SO_4存在的情况下，表面氧化物会与熔盐发生反应而溶解。E7、E71 和 E73 合金上的氧化膜以 Cr_2O_3为主要成分，Cr_2O_3是最耐熔盐腐蚀的氧化物[44]。它在熔融 Na_2SO_4中的溶解速率与氧分压有关（见 1.4.4 节），在有薄盐膜存在的情况下，Cr_2O_3在盐/气体界面（图 1 - 9 中界面 Ⅱ）的溶解度将大于在氧化物/盐界面（图 1 - 9 中界面 Ⅰ）的溶解度，不能实现溶解度的负梯度。所以，Cr_2O_3膜不会发生熔融反应，而且在氧化膜的缺陷或晶界等氧分压较低的地方，盐膜中的 CrO_4^{2-}会以 Cr_2O_3的形式析出，填补了保护性氧化膜的缺口，防止盐直接与基体接触发生反应，这也是 Cr_2O_3 之所以能有效抵御热腐蚀的原因之一。正是因为富含 Cr_2O_3 氧化膜的存在，E7、E71 和 E73 合金上的熔盐不断累积，形成了有一定厚度的盐膜。而盐膜的累积进一步降低了盐/气体界面(图 1－9 中界面Ⅱ)的氧分压，这又反过来减缓了 Cr_2O_3 膜的溶解。

3.4.3 温度对合金热腐蚀行为的影响

当温度从 900℃ 上升到 950℃，合金的热腐蚀增重加快，孕育期缩短。腐蚀层结构并没有发生变化，但产物组成有所改变，合金表层的氧化物由 Cr_2O_3 变为 $NiTiO_3$(图 3－27 和表 3－2)，且腐蚀层中白色的含 Ta 产物增多(图 3－29)，四种单晶合金的样品中都出现了 Ta_2O_5(900℃时只有 Ta/Cr 值最高的 E75 合金上出现了 Ta_2O_5)。

这些现象的产生与 Cr_2O_3 的挥发有关。当温度升高时，Cr_2O_3 的挥发加快[130－132]，合金中 Cr 的消耗加快，当合金中的 Cr 不能维持 Cr_2O_3 的生长时，其他元素的氧化物就会生成。从动力学来判断，合金中 Ni 含量最高，因此 NiO 极易生成。从热力学角度来看，Al、Ti 和 Ta 的氧化物都会生成。因此，合金中出现了大量的含 Ni、Ti 的尖晶石 $NiTiO_3$ 以及含 Ta 产物。$NiTiO_3$ 不能像 Cr_2O_3 一样有效地抵抗热腐蚀，因此，E7 和 E71 合金的增重加快。另外，温度的升高使得元素的扩散速率加快，Ta 的动力学优势增强，这也促使在所有合金上均出现了 Ta_2O_5。对于 E73 和 E75 合金来说，增多的 Ta_2O_5 加剧了 Ta_2O_5 和 Cr_2O_3 的竞争生长，合金的热腐蚀孕育期变短。

3.5　本章小结

本章深入研究了不同温度下 Ta 对低 Cr 合金和高 Cr 合金抗 Na_2SO_4热腐蚀行为的影响，主要结论如下：

（1）Ta 对镍基单晶高温合金热腐蚀行为的影响与合金本身的 Cr 含量有关。

① 当合金 Cr 含量小于 5%（质量分数）时，合金表面氧化膜为 NiO，抗热腐蚀性能较差。对于低 Cr 合金：Ta 可以有效地提高其 900℃ 的抗热腐蚀性能。这是由于 Ta 含量的增加促进了固态 $NaTaO_3$的生成，从而抑制了液态 $Na_2(Mo, W)O_4$的形成以及合金熔融反应的发生，延长了合金的热腐蚀孕育期。此外，提高 Ta 含量还促进固态 TaS_2的生成、抑制液态 NiS_x的生成，提高合金的抗热腐蚀性能。

② 当合金 Cr 含量大于 12%（质量分数）时，合金表面形成完整的 Cr_2O_3膜，抗热腐蚀性能良好。对于高 Cr 合金，虽然 Ta 含量的增加也能促进含 Ta 产物的形成。但是，由于 Cr 含量较高，足以维持合金表面 Cr_2O_3膜的稳定生长，提高 Ta 含量对合金抗热腐蚀性能的影响不明显。

③ 对于 Cr 含量介于 5% ~12%（质量分数）的合金，Ta 和 Cr 对热腐蚀行为的交互作用可以由 Ta/Cr（质量分数）来描述：

a. $Ta/Cr < 0.5$ 时，Ta_2O_5 对 Cr_2O_3起掺杂作用，加快 Cr_2O_3的生长速率，合金形成完整的 Cr_2O_3膜，抗热腐蚀性能良好；

b. $Ta/Cr = 0.5$ 时，Ta 促进含 Ta 尖晶石的生成，降低离子的扩散速率，合金形成完整的 Cr_2O_3膜，抗热腐蚀性能良好；

c. $0.5 < Ta/Cr < 1$ 时，Ta_2O_5和 Cr_2O_3竞争生长，合金不能形成完整的 Cr_2O_3膜，合金的抗热腐蚀性能降低；

d. $Ta/Cr > 1$ 时，Ta_2O_5和 Cr_2O_3竞争生长，合金表面的氧化膜为 NiO，抗热腐蚀性能较差。

（2）实验中首次观察到了 TaS_2以及 TaS_2与 CrS_x之间的转换，这一过程受热力学和动力学因素的影响。

① 热力学因素包括硫化物的生成自由能 ΔG^0［$\Delta G^0(TaS_2) < \Delta G^0(CrS)$］和硫化物生成的临界氧分压 P_{O_2}［$P_{O_2}(TaS_2) < P_{O_2}(CrS_{1.5})$］。

② 动力学因素包括合金元素的含量及其扩散速率($D_{Ta} > D_{Cr}$)。

③ 在完整的氧化层尚未形成之前，基体中氧分压较高，仅 CrS_x可稳定存在。随着硫向基体的扩散，TaS_2在基体中氧分压较低处形成，CrS_x和 TaS_2同时存在，TaS_2更靠近基体。随着腐蚀层的增厚，内部氧分压降低。当氧分压可同时满足 CrS_x和 TaS_2的稳定存在时，ΔG^0 成为影响硫化物稳定性的决定性因素，仅 TaS_2可存在。熔融发生后，腐蚀层变得疏松，内部氧分压随之升高，TaS_2失稳。CrS_x再次形成。基于以上原因，Ta 含量成为影响 TaS_2和 CrS_x生成及转换的关键因素。

（3）随着温度由 900℃上升到 950℃，Cr_2O_3和 Na_2CrO_4的挥发加快，Cr_2O_3的消耗导致 Cr 的贫化加速，合金中出现了大量的无保护性的含 Ni、Ti 的氧化物及尖晶石。合金的热腐蚀增重加快，孕育期缩短。

第4章 铼对镍基单晶高温合金热腐蚀行为的影响

4.1 引言

Re(铼)是高温合金中非常重要的强化元素,少量的 Re 就可以极大地提高合金的高温强度[102]。伴随着 Re 元素的不断加入,国内外相继发展了多种不同代次的航空用高强单晶高温合金。与航空发动机相比,燃气轮机工况环境复杂,燃机用抗热腐蚀高温合金除了要有优异的高温力学性能外,还必须具备良好的抗热腐蚀性能。因此,期望通过增加难熔元素 Re 来提高抗热腐蚀高温合金的力学性能,首先必须弄清 Re 元素对合金热腐蚀行为的影响和机理。

但是,截至目前,围绕 Re 对高温合金热腐蚀和氧化行为影响的研究较少。

Caron[133] 和 Czech[35] 在研究 Re 对高温防护涂层的抗热腐蚀性能的影响时发现,涂层中的 Re 会成为活性元素的扩散障碍,在热腐蚀过程中降低元素的扩散速率,进而提高合金的抗热腐蚀性能。同样地,Matsugi 等人在研究 Re 对合金抗热腐蚀性能的影响时也发现,少量的 Re 就可以极大地提高合金的抗热腐蚀性能[40,103,104],但是在实验中很难观察到含 Re 产物或者 Re 的富集层，进而无法解释 Re 对合金热腐蚀影响的机理。因此，仍需深入研究 Re 对合金热腐蚀行为的影响。

另外，需要指出的是，含 Re 抗热腐蚀合金将来的使用温度可能达到 1000℃，关于 Re 对合金更高温度热腐蚀行为的影响同样需要深入研究。

本章采用对比分析的方法，深入研究了 Re 对镍基单晶高温合金 900℃和 950℃(考虑到 1000℃时合金主要以氧化为主，所以选用 950℃)下热腐蚀行为的影响。

4.2 实验合金标准热处理组织

本章采用 E1(12Cr－0Re)和 E7(12Cr－2Re)单晶合金(具体成分见表 2－1)作为对比合金来研究 Re 对合金热腐蚀行为的影响。图 4－1 为两种合金经过标准热处理后的微观组织。

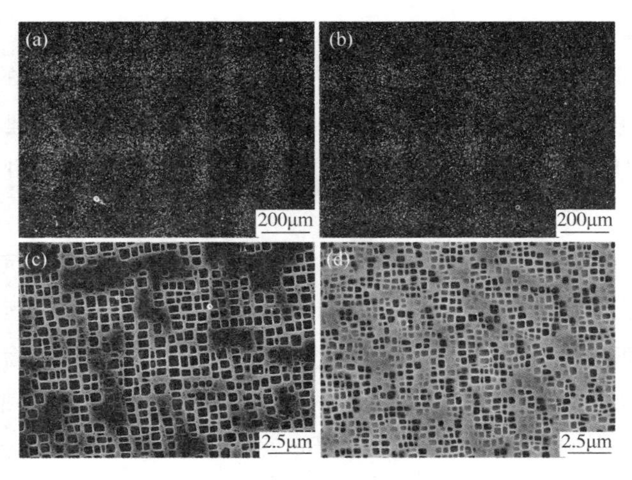

图 4－1　E1[(a)和(c)]和 E7[(b)和(d)]单晶合金的标准热处理组织

由图可见，两种合金的偏析程度明显减轻，共晶都几乎完全被消除，γ′呈立方形态。

4.3　铼对镍基单晶高温合金 900℃热腐蚀行为的影响

4.3.1　热腐蚀动力学

E1 和 E7 单晶合金在 900℃的热腐蚀动力学曲线如图 4 -2 所示。由图可以看出，含 Re 合金 E7 和无 Re 合金 E1 的动力学曲线存在明显差异。在热腐蚀开始的 100h 以内，两种合金的动力学曲线重合，都遵循抛物线规律缓慢增长，增重约为 $5mg/cm^2$。无 Re 合金 E1 的动力学曲线在 100h 时出现拐点，之后其增重迅速上升，200h 时达到 $27mg/cm^2$。而含 Re 合金 E7 一直保持缓慢的增长速率。经过对 E7 的动力学曲线进行拟合发现，它满足分段抛物线的特点，整个曲线由三段抛物线组成，拐点分别为 300h 和 380h[图 4 -2(b)]，最终增重约为 $13mg/cm^2$。

4.3.2　热腐蚀宏观形貌

图 4 -3 为 E1 和 E7 两种单晶合金在 900℃热腐蚀不同时间后的宏观形貌。经过 20h 热腐蚀后，E1 和 E7 合金的样品都呈现出完整的褐色表面[图 4 -3(a)和图 4 -3(d)]。当热腐蚀进行到 100h 时，E1 合金的表面变为黑色，并且出现了很多小凸起[图 4 -3(b)]，而 E7 合金的表面仍然保持完整平直，并

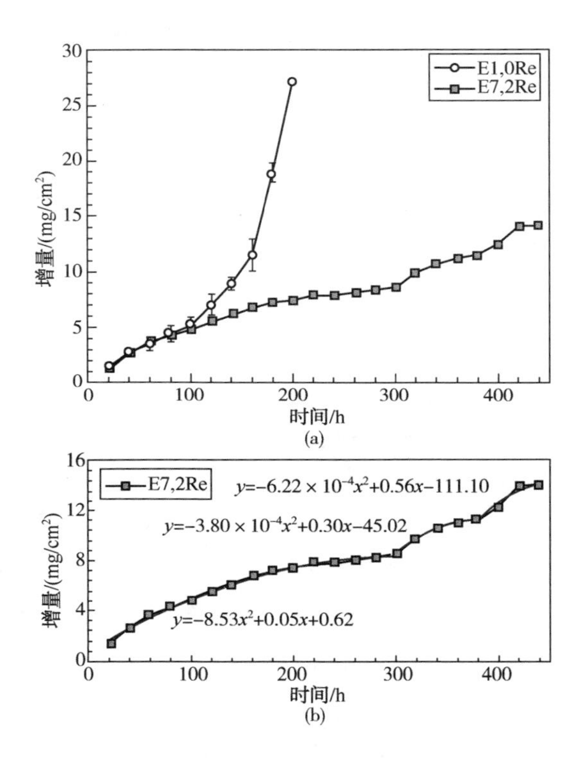

图 4－2 （a）E1 和 E7 单晶合金在 900℃的热腐蚀动力学曲线；（b）E7 合金热腐蚀动力学曲线的分段抛物线拟合结果

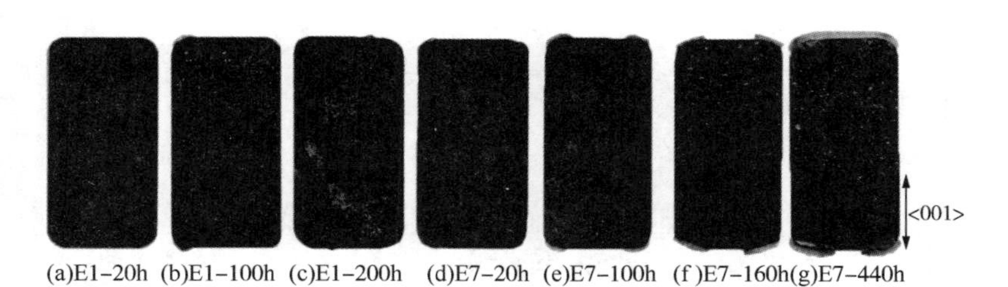

图 4－3 E1 和 E7 单晶合金在 900℃热腐蚀后的宏观形貌

呈现出黄绿色的花纹状[图 4－3(e)]。随着热腐蚀的进行，E1 样品表面的粗糙度增大，表层氧化皮呈现出易剥落的趋势，到 200h 时，E1 合金表面的氧化膜已经出现大面积的剥落[图 4 -3(c)]。

E7 合金表面的凸起出现于 160h，其数量较 E1 合金刚出现时要少，且表面仍保持黄绿色的花纹状。随着热腐蚀的继续，E7 合金表面的凸起数量略有增加，但其形貌几乎不随热腐蚀时间发生变化。到 440h 时，E7 合金的表面形貌与 160h 时几乎没有太大变化。

E7 与 E1 合金宏观腐蚀形貌的另一个不同是样品顶角处的黄色产物。100h 时两种合金样品的顶角都出现了黄色结晶状的产物。随着表面的鼓包及剥落，E1 合金顶角处的黄色产物消失，而 E7 合金顶角处的黄色产物则越来越多，到 440h 时，E7 合金 10mm 边处的黄色产物已经连成一片[图 4 -3(g)]。

4.3.3　腐蚀产物 XRD 分析

E1 和 E7 两种单晶合金 900℃热腐蚀不同时间之后的 XRD 分析结果见表 4 -1。

热腐蚀开始之后，E1 合金表面形成了以 Cr_2O_3为主、包含少量 TiO_2的氧化物层。20h 之后，TiO_2消失，样品表面形成了由 Cr_2O_3构成的稳定腐蚀产物层，该产物组成一直持续到 80h，之后合金表面的腐蚀产物发生较大变化，Cr_2O_3消失，取而代之的是大量的(Ni，Co)O 以及少量的尖晶石 $NiTiO_3$。此外，80h 之前样品表面存在残余的 Na_2SO_4，80h 之后消失。

从整体上看，E7 合金的腐蚀产物组成要比 E1 合金复杂。120h 之前，E7 合金的主要腐蚀产物为 Cr_2O_3，含有少量的 TiO_2、尖晶石(Cr，Ti)TaO_4，以及复杂化合物 $Na_2Cr_2Ti_6O_{16}$。120h 之后，样品的主要腐蚀产物由 Cr_2O_3变为 $NiTiO_3$，$NaTaO_3$

也一直出现在腐蚀产物中，但含量较少。220h 后，NiO 开始出现，但含量不多。在整个热腐蚀过程中，样品表面一直有 Na_2SO_4的存在。

表 4-1 E1 和 E7 单晶合金在 900℃热腐蚀后的 XRD 分析结果

	E1	E7
0.5h	$\gamma+\gamma'$, Na_2SO_4	$\gamma+\gamma'$, Na_2SO_4
1h	Cr_2O_3, TiO_2, $\gamma+\gamma'$, Na_2SO_4	Cr_2O_3, TiO_2, $\gamma+\gamma'$, Na_2SO_4
3h	Cr_2O_3, TiO_2, $\gamma+\gamma'$, Na_2SO_4	Cr_2O_3, TiO_2, $\gamma+\gamma'$, Na_2SO_4
20h	Cr_2O_3, $\gamma+\gamma'$, Na_2SO_4	Cr_2O_3, $Na_2Cr_2Ti_6O_{16}$, (Cr, Ti)TaO_4, $\gamma+\gamma'$, Na_2SO_4
40h	Cr_2O_3, $\gamma+\gamma'$, Na_2SO_4	Cr_2O_3, $Na_2Cr_2Ti_6O_{16}$, (Cr, Ti)TaO_4, $\gamma+\gamma'$, Na_2SO_4
60h	Cr_2O_3, $\gamma+\gamma'$, Na_2SO_4	Cr_2O_3, TiO_2, $Na_2Cr_2Ti_6O_{16}$, $\gamma+\gamma'$, Na_2SO_4
80h	Cr_2O_3, $\gamma+\gamma'$, Na_2SO_4	Cr_2O_3, TiO_2, $Na_2Cr_2Ti_6O_{16}$, $\gamma+\gamma'$, Na_2SO_4
100h	(Ni, Co)O, $NiTiO_3$	Cr_2O_3, (Cr, Ti)TaO_4, $CoTiO_3$, $\gamma+\gamma'$, Na_2SO_4
120h	(Ni, Co)O, $NiTiO_3$	Cr_2O_3, TiO_2, NiO, Na_2SO_4
140h	(Ni, Co)O, $NiTiO_3$	$NiTiO_3$, $NaTaO_3$, Na_2SO_4
160h	(Ni, Co)O, $CoCr_2O_4$	$NiTiO_3$, $NaTaO_3$, Na_2SO_4
220h		$NiTiO_3$, $NaTaO_3$, NiO, $NiCrO_3$, Na_2SO_4
260h		$NiTiO_3$, $NaTaO_3$, NiO, $CoCr_2O_4$, Na_2SO_4
440h		$NiTiO_3$, $NaTaO_3$, NiO, Na_2SO_4

4.3.4 表面及截面腐蚀形貌

4.3.4.1 E1 合金的表面及截面腐蚀形貌

100h 是 E1 合金在热腐蚀过程中由孕育期到加速腐蚀期的

转折点，也是 E1 合金样品表面开始出现凸起的时间点，因此，深入分析合金 100h 的腐蚀形貌显得极为重要。图 4 -4(a)是 E1 合金表面在热腐蚀后未经处理时的宏观形貌，图中箭头所指均为样品表面的凸起。将凸起顶端进行放大之后[图 4 -4(b)]可以看到，样品的表面被一层富含 Na、S、Cr、Ti 和 O 的盐所覆盖，盐中分布着块状的氧化物。

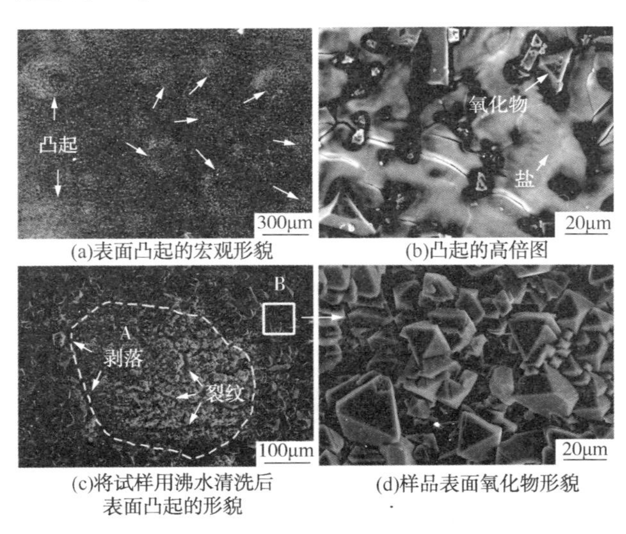

(a)表面凸起的宏观形貌　(b)凸起的高倍图

(c)将试样用沸水清洗后表面凸起的形貌　(d)样品表面氧化物形貌

图 4 -4　E1 合金在 900℃下经过 100h 热腐蚀后的表面形貌

为了便于观察样品表面凸起的真实组织，将样品放入水中煮沸以去除表面沉积的盐，之后再进行 SEM 观察，如图 4 -4(c)和图 4 -5 所示(注：通过阅读文献及在以前的实验中观察发现，在热腐蚀中产生的溶于水的物质一般是含 Na 的盐类，如 Na_2SO_4、Na_2CrO_4和 $Na_2(Mo, W)O_4$。Na_2SO_4为预先涂盐与氧化物反应后的残余盐；Na_2CrO_4为 Cr_2O_3与 Na_2SO_4反应的产物，在以 Cr_2O_3 为主要腐蚀产物的合金上一般都会存在；$Na_2(Mo, W)O_4$ 为 $(Mo, W)O_3$ 与 Na_2SO_4 反应的产物，在

Mo(W)含量较高的合金上可能存在，当生成$Na_2(Mo, W)O_4$时，合金的热腐蚀性能变差。因此，只有当合金表面的$Na_2(Mo, W)O_4$溶于水而流失时，才会影响对热腐蚀机制的判断。由于E1合金含有较高的Cr含量和较低的Mo(W)含量，因此E1合金上不会生成$Na_2(Mo, W)O_4$，用水清洗不会造成产物流失及形貌改变。)可以看到，在凸起的顶端，最外层的块状尖晶石$NiTiO_3$[图4-4(c)中"B"点、图4-4(d)以及表4-2]发生了剥落，露出了内层富含Ni、Cr和Al的细小颗粒状氧化物[图4-4(c)中"A"点、表4-2]，该层中位于凸起顶端处还分布着小裂纹。而在凸起之外的平面区，块状$NiTiO_3$完整而致密。

表4-2　图4-4中"A"和"B"点的EDS分析结果

原子百分比(%)

元素	Ti	Ni	Co	Cr	Al	O
A	3.41	10.62	8.73	11.36	15.17	50.71
B	18.55	15.31	3.88	1.23	—	61.03

由图4-5可见，凸起处的$NiTiO_3$层与次外层发生了剥离，并在凸起顶端出现了剥落[图4-5(b)]。次外层富含Al、Ni、Cr、Ta的混合氧化物层中分布着平行于样品表面和垂直于样品表面的裂纹[图4-5(c)]。最内层的CrS_x颗粒在腐蚀层前沿连成一片[图4-5(b)]。平界面区的$NiTiO_3$层与次外层保持良好的黏结，内层的硫化物数量较少[图4-5(d)]。

表面长出凸起之后，E1合金的腐蚀加快。在120h时(图4-6)，Na_2SO_4穿过外NiO层进入氧化层内部，并在外层氧化物中间形成熔盐夹层。140h时[图4-7(a)和图4-7(c)]，NiO开始溶解于Na_2SO_4中，形成了一层熔盐一层NiO的夹层结构。相比于120h，腐蚀层大幅增厚，之前较为完整的平界

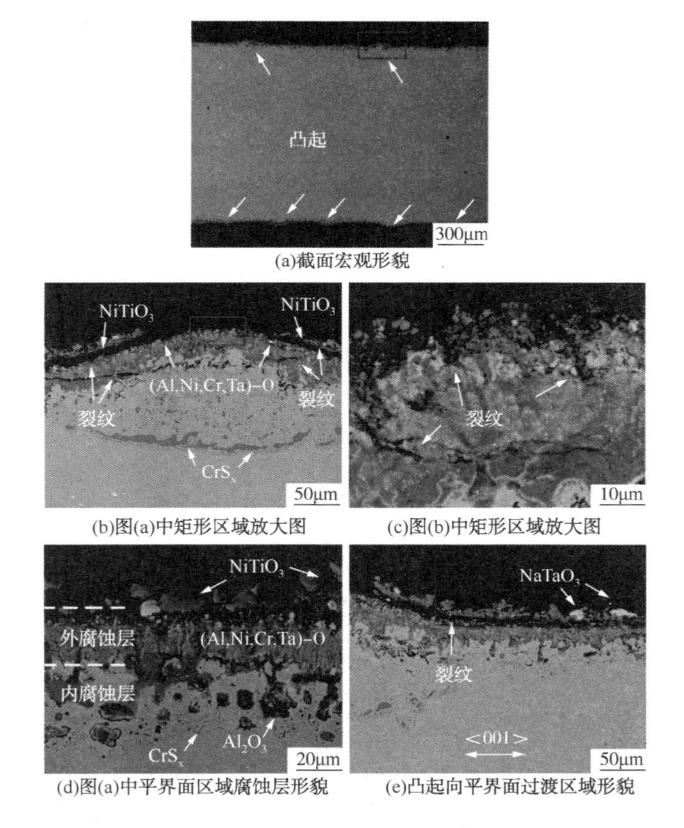

图 4－5　E1 合金在 900℃经过 100h 热腐蚀后的截面形貌

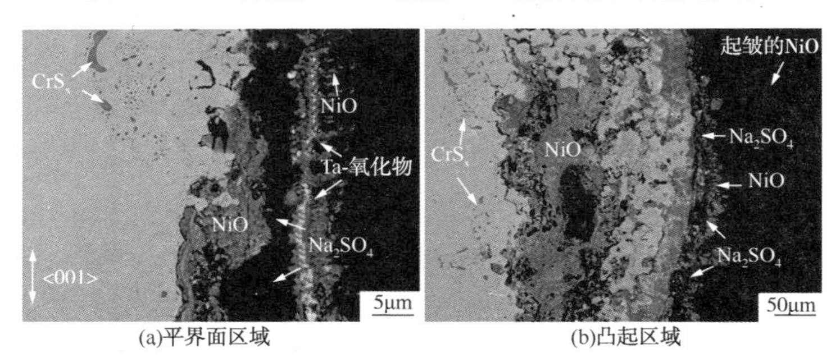

图 4－6　E1 合金在 900℃热腐蚀 120h 后的截面形貌

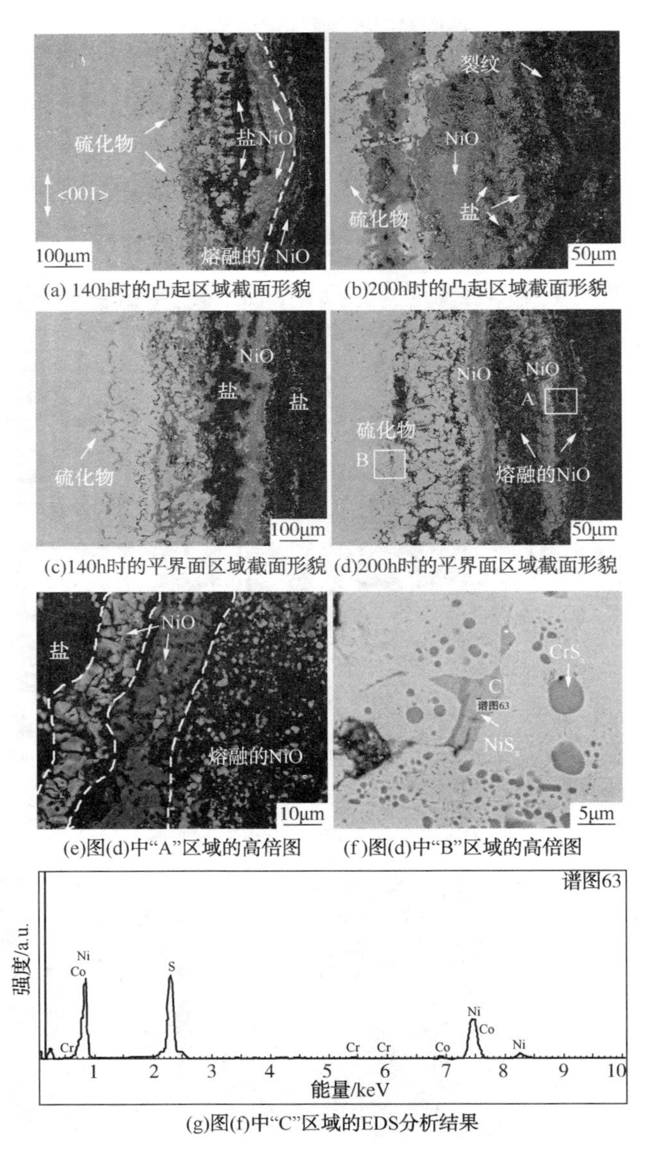

(a) 140h时的凸起区域截面形貌 (b)200h时的凸起区域截面形貌

(c)140h时的平界面区域截面形貌 (d)200h时的平界面区域截面形貌

(e)图(d)中“A”区域的高倍图 (f)图(d)中“B”区域的高倍图

(g)图(f)中“C”区域的EDS分析结果

图 4－7　E1 合金在 900℃热腐蚀后的截面形貌及 EDS 分析

面区也出现了大量的内氧化物和内硫化物。当热腐蚀进行到 200h 时，之前的凸起区的熔融反应结束，形成了一个疏松的、包含熔盐的 NiO 层[图 4 - 7(b)]。而平界面区[图 4 - 7(d)]则仍在进行熔融反应。溶解中的 NiO 的形貌可见图 4 - 7(e)，其中白色的细小颗粒为 NiO，灰黑色的物质为 Na_2SO_4，与熔盐相邻的、尚未溶解的 NiO 层已经被熔盐腐蚀出小孔，并呈现出疏松的形态。在对 200h 样品的内硫化物进行分析时发现，此时的内硫化物中不仅有 CrS_x，还存在着 NiS_x[图 4 - 7(f) 和图 4 - 7(g)]。EPMA 分析结果(图 4 - 8)可以看到由熔盐和 NiO 组成的夹层结构及 NiS_x 的存在。

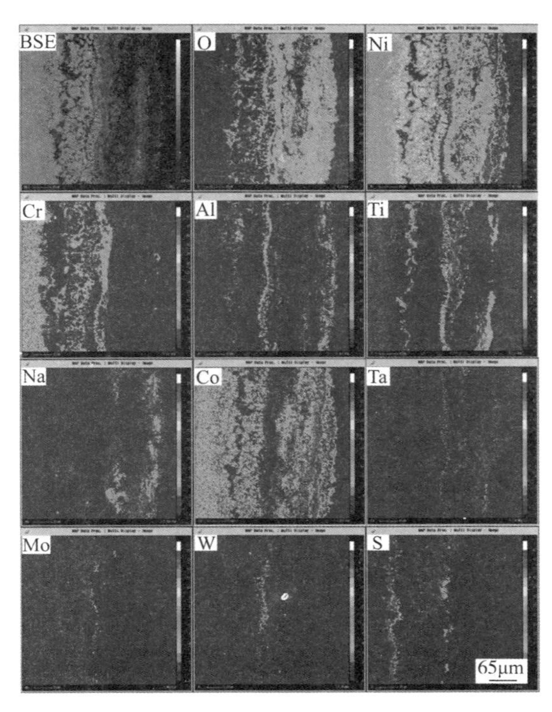

图 4 - 8　E1 合金在 900℃ 热腐蚀 180h 后的截面形貌及元素面分布

4.3.4.2 E7合金的表面及截面腐蚀形貌

为了方便观察样品表面凸起处的形貌，先将样品放入水中煮沸，去除表面的盐，之后再进行表面和截面观察。不同热腐蚀时间的腐蚀层截面形貌如图4－9和图4－10所示。

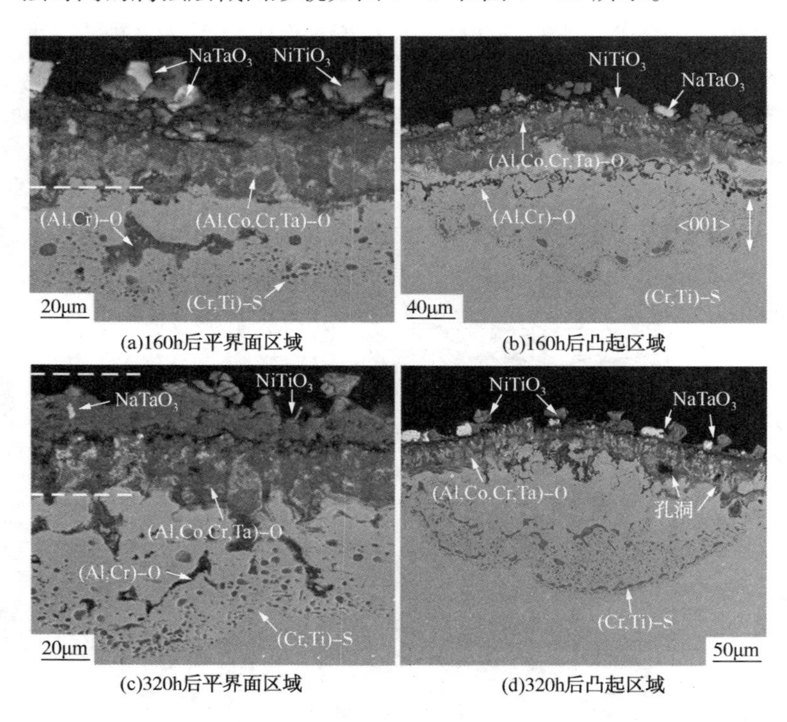

(a)160h后平界面区域　(b)160h后凸起区域

(c)320h后平界面区域　(d)320h后凸起区域

图4－9　E7合金在900℃经过不同时间热腐蚀后的截面形貌

在凸起出现之前，E7合金样品的典型截面形貌如图4－9(a)中所示。样品的表面形成了典型的三层腐蚀层结构，最外层是一层连续的Cr_2O_3，内层是Al_2O_3以及分散的CrS_x颗粒。由EPMA结果可以看到连续的Cr_2O_3及Al_2O_3的存在(图4－11)。

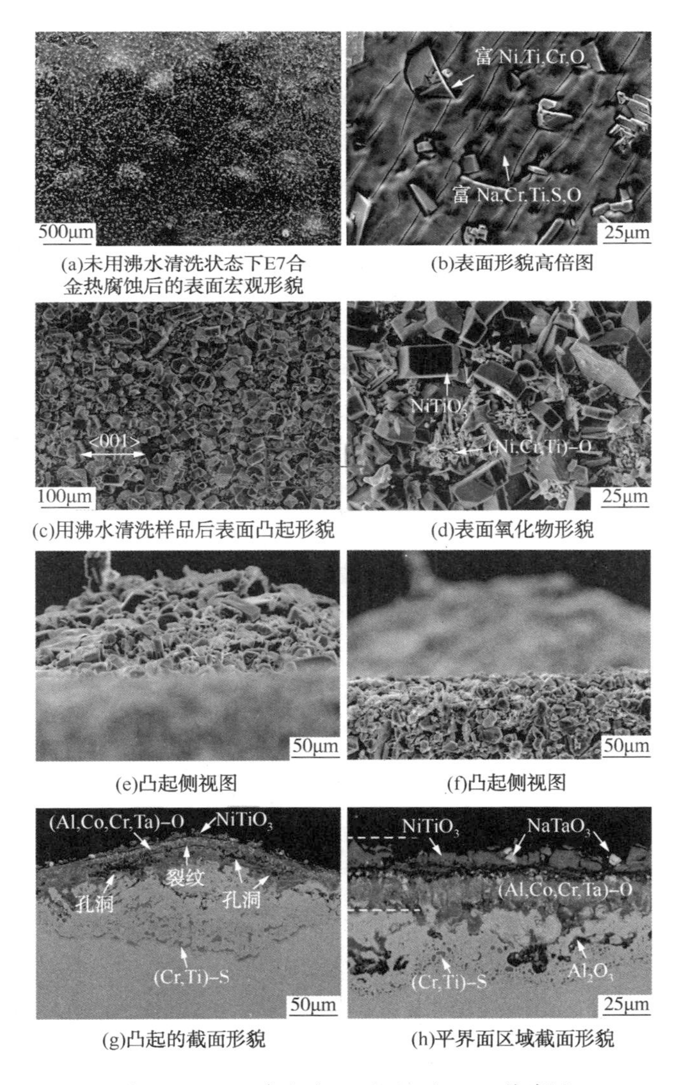

(a)未用沸水清洗状态下E7合金热腐蚀后的表面宏观形貌　(b)表面形貌高倍图

(c)用沸水清洗样品后表面凸起形貌　(d)表面氧化物形貌

(e)凸起侧视图　(f)凸起侧视图

(g)凸起的截面形貌　(h)平界面区域截面形貌

图 4－10　E7 合金在 900℃经过 440h 热腐蚀之后的表面和截面形貌

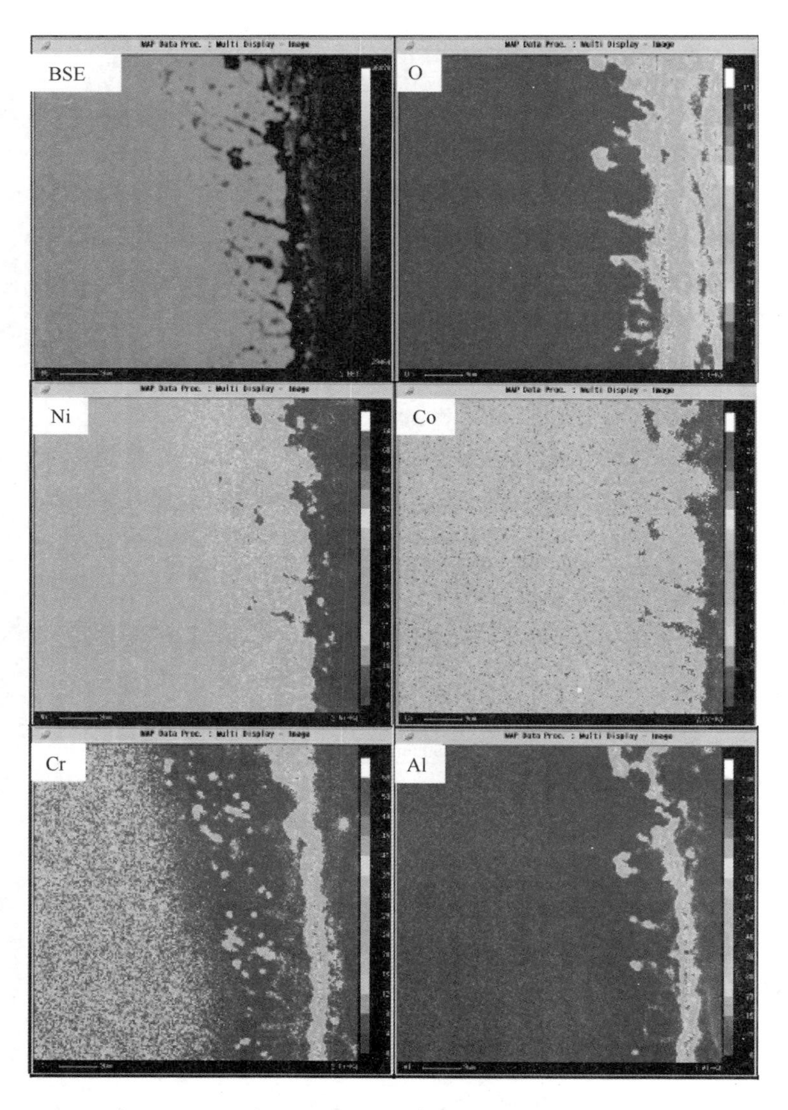

图 4－11　E7 合金在 900℃热腐蚀 100h 后的截面形貌及元素面分布

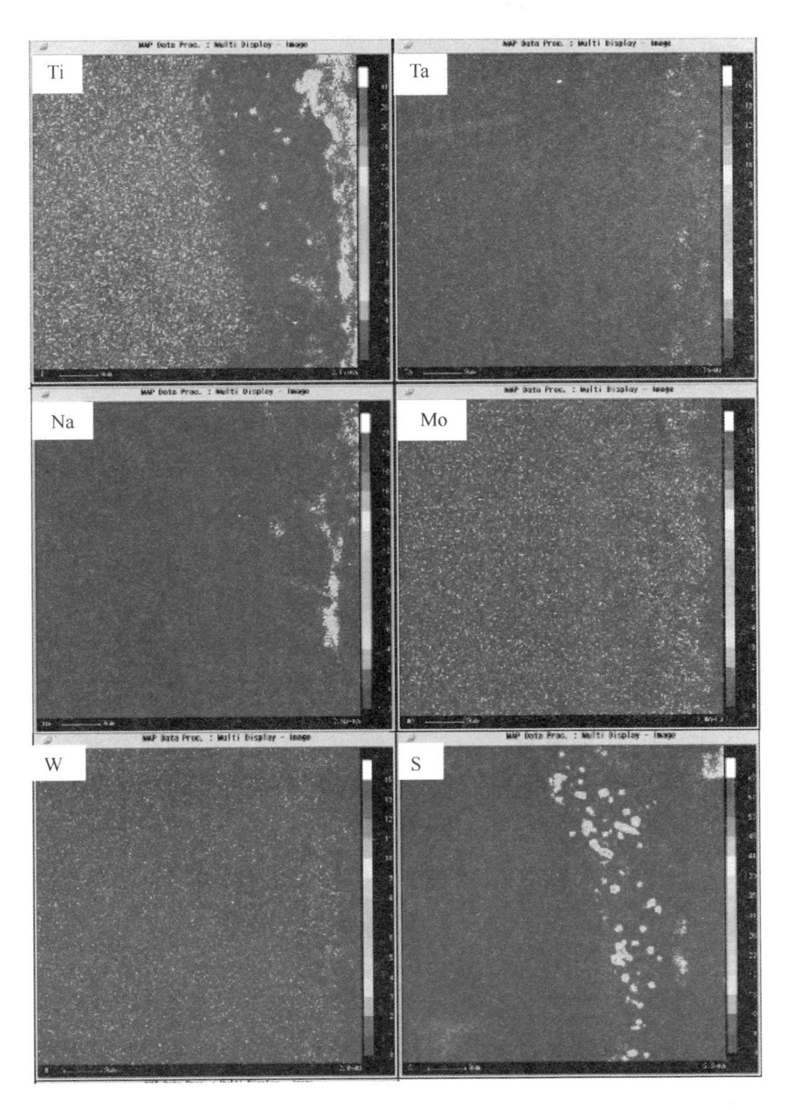

图 4－11　E7 合金在 900℃热腐蚀 100h 后的截面形貌及元素面分布（续）

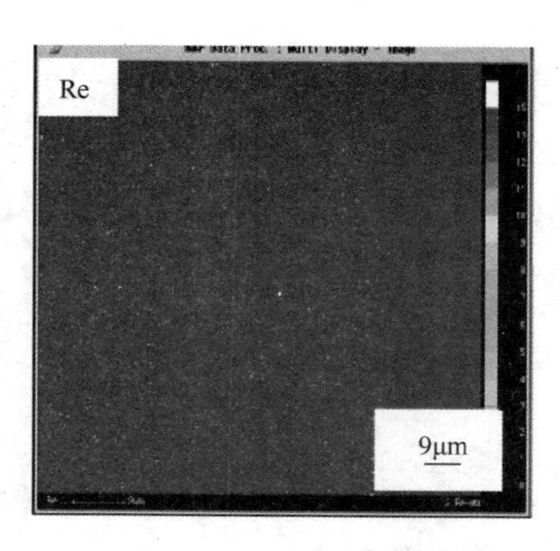

图 4－11　E7 合金在 900℃热腐蚀 100h 后的截面形貌及元素面分布)(续)

腐蚀层的结构几乎不随时间发生变化，但腐蚀产物有所改变。到 160h 后，外层氧化物由单纯的 Cr_2O_3 变为 Al、Ni、Cr、Ta 的混合氧化物，并出现块状的 $NiTiO_3$。内氧化物由 Al_2O_3 变为 Cr_2O_3 和 Al_2O_3 的混合氧化物。

E7 合金热腐蚀 440h 后表面凸起的形貌如图 4－10 所示。440h 后，样品表面被一层块状 $NiTiO_3$ 覆盖，该层在凸起顶端没有发生剥落。$NiTiO_3$ 下是 Al、Ni、Cr、Ta 的混合氧化物，并且出现了平行于样品表面的裂纹和孔洞。凸起部分的内硫化物数量较多，有连成片的趋势。从 EPMA 分析图(图 4－12)可以看到 $NiTiO_3$ 层、Al/Ni/Cr/Ta 混合氧化物层、$NaTaO_3$ 层以及 Cr/Ti 硫化物层的分布，Al/Ni/Cr/Ta 混合氧化物层以 Cr_2O_3 为主。值得注意的是，截面中存在轻微的 Re 的富集(图 4－12)，但并没有发现含 Re 产物的存在。

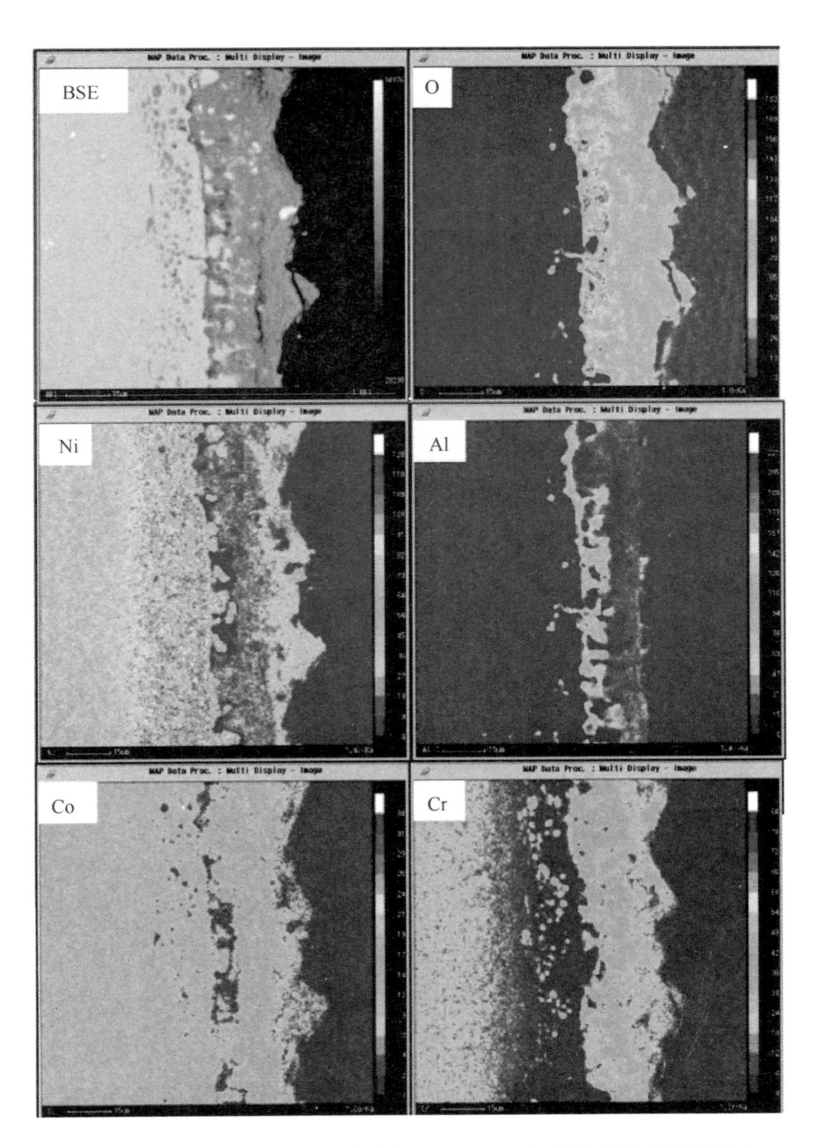

图4-12 E7合金在900℃热腐蚀440h后的截面形貌及元素面分布

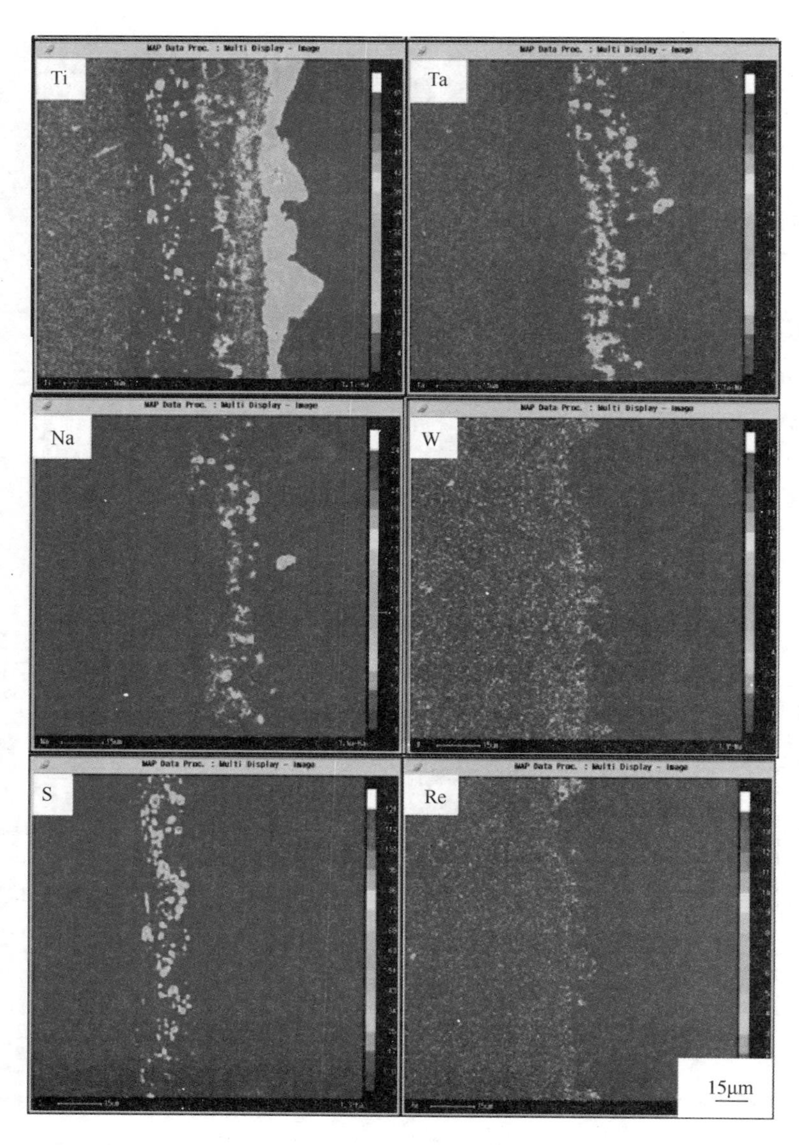

图4－12　E7合金在900℃热腐蚀440h后的截面形貌及元素面分布(续)

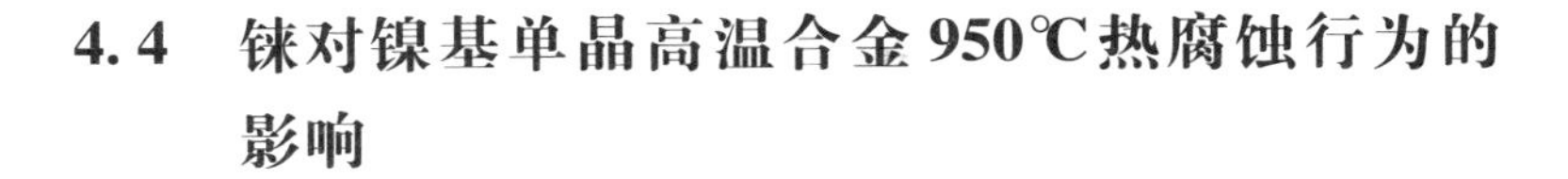

4.4 铼对镍基单晶高温合金 950℃热腐蚀行为的影响

4.4.1 热腐蚀动力学

E1 和 E7 单晶合金在 950℃ 的热腐蚀动力学曲线如图 4 – 13 所示。由图可见，E1 和 E7 两种合金的抗热腐蚀性能存在较大差异。E1 合金的热腐蚀孕育期为 140h，在 140h 以前保持直线速率缓慢增重，140h 后增重速率陡然上升。E7 合金在整个实验过程中保持抛物线速率缓慢增重。E1 合金在一开始的增重略低于 E7 合金，但二者的最终增重相当，约为 $4mg/cm^2$。

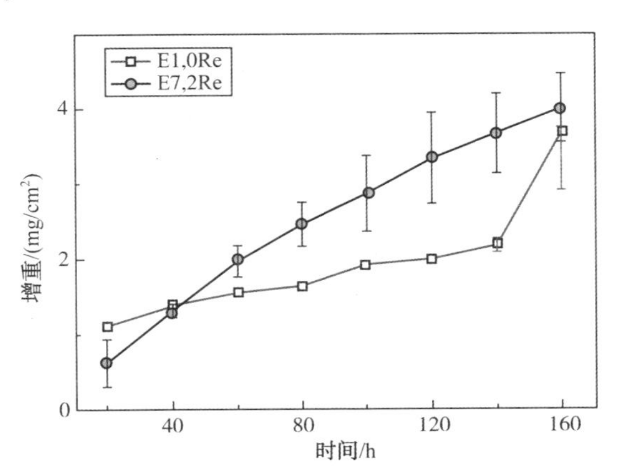

图 4 – 13　E1 和 E7 单晶合金在 950℃的热腐蚀动力学曲线

4.4.2 热腐蚀宏观形貌

E1 和 E7 单晶合金在 950℃热腐蚀后的宏观形貌如图 4－14 所示。120h 之前，E1 合金表面为黄绿色；140h 时 E1 合金表面变为灰黑色，但仍保持完整、致密；160h 后 E1 合金样品突然发生严重的破坏，表面黑色的氧化皮脱落，露出下层的绿色氧化物。E7 合金样品一直保持完整，160h 时表面呈现出黄绿色的形态。

图 4－14　E1 和 E7 单晶合金在 950℃热腐蚀后的宏观形貌

4.4.3 腐蚀产物 XRD 分析

图 4－15 为 E1 和 E7 单晶合金经过 160h 热腐蚀后的 XRD 衍射图。E1 合金表面主要的腐蚀产物是 NiO，含有少量的 TiO_2和尖晶石(Ni，Co)Cr_2O_4，且基体峰可见，这表明样品可能发生了剥落，露出了原本被氧化层所覆盖的基体。E7 合金样品的表面只能检测到混合盐 $Na_4(CrO_4)(SO_4)$的峰，表明样品表面被一层较厚的盐所覆盖。

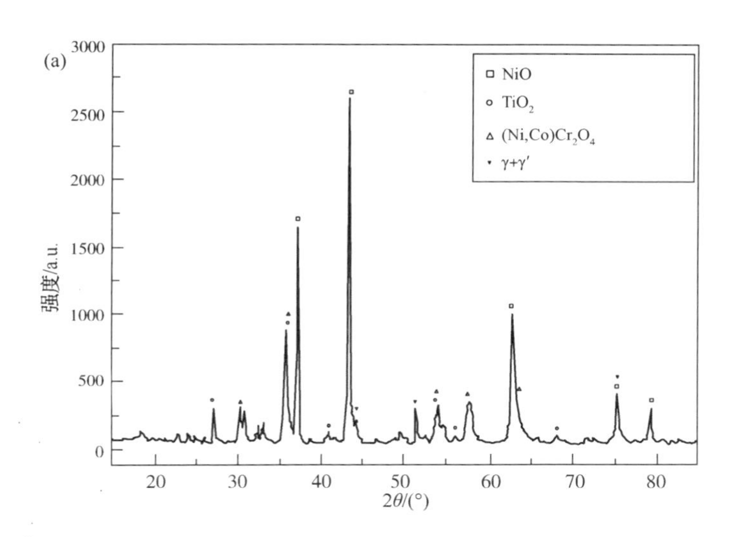

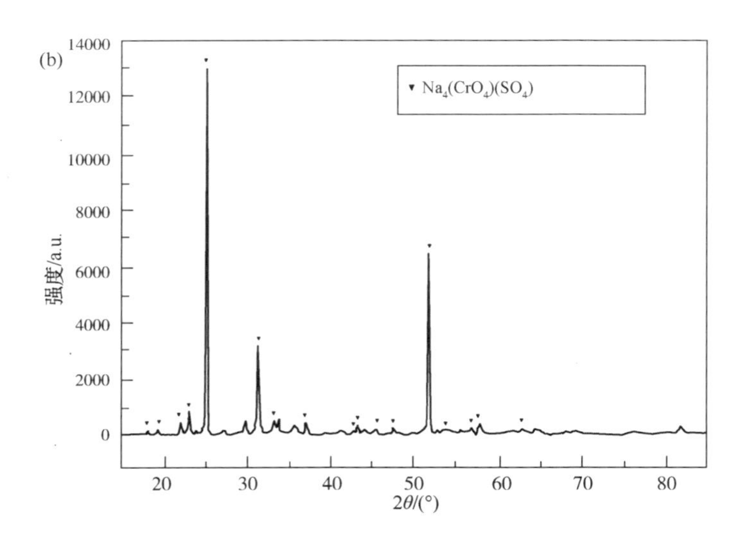

图4－15　E1（a）和E7（b）单晶合金在950℃
经过160h热腐蚀后的XRD衍射图

4.4.4 表面及截面腐蚀形貌

E1 合金在 950℃ 热腐蚀 160h 后表面发生了剥落，典型形貌如图 4－16(a)所示。其表面被 NiO 覆盖，且 NiO 已被熔盐腐蚀出许多孔洞。E7 合金表面被富含 Na、Cr、S、O 的混合盐覆盖，盐层之外露出了富含 Na、Cr、Ti、O 的棒状氧化物。

E1 合金经过 160h 热腐蚀后局部的氧化皮发生了剥落，典型的三种腐蚀层截面形貌如图 4－17 所示。尚未发生剥落的区域其表面是一层疏松的 NiO，NiO 层内部以及 NiO 层和基体之间都产生了大裂纹，剥落倾向非常明显，如图 4－17(a)所示。在某些 NiO 已经剥落的区域，NiO 层和基体之间产生了一层白色的富含 Ni、W、O 的物质[图 4－17(b)，图 4－17(d)，表 4－3]。在少量剥落非常严重的区域，内硫化区发现了富含 Ni、Cr、S 的硫化物[图 4－17(c)，图 4－17(e)，表 4－3]。

图 4－16　E1（a）和 E7（b）单晶合金在 950℃ 热腐蚀 160h 后的表面形貌

E7 合金在 160h 热腐蚀后的腐蚀层截面形貌如图 4－18 所示。样品表面被一层盐覆盖，其成分与图 4－15(b)和图 4－16(b)所示盐成分相同。盐膜之下是一层富含 Cr、Ti 的氧化物，该层连续且致密。内层的 Al_2O_3 呈半连续状态，CrS_x 呈颗粒状分布。

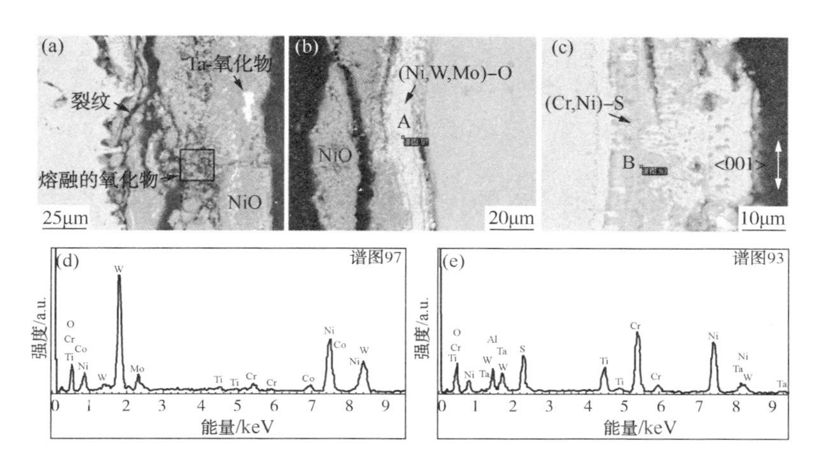

图4-17　(a)、(b)和(c)：E1合金在950℃热腐蚀160h后的截面形貌；(d)和(e)：图(b)中"A"点和图(c)中"B"点的EDS分析结果

表4-3　图4-17中"A"点和"B"点的EDS分析结果

原子百分比(%)

元素	Ni	W	Mo	Co	Cr	Ti	Al	Ta	O	S
A	12.89	8.15	3.62	1.29	1.26	0.59	—	—	72.22	—
B	13.55	0.62	—	—	10.37	3.66	7.28	0.95	55.65	7.92

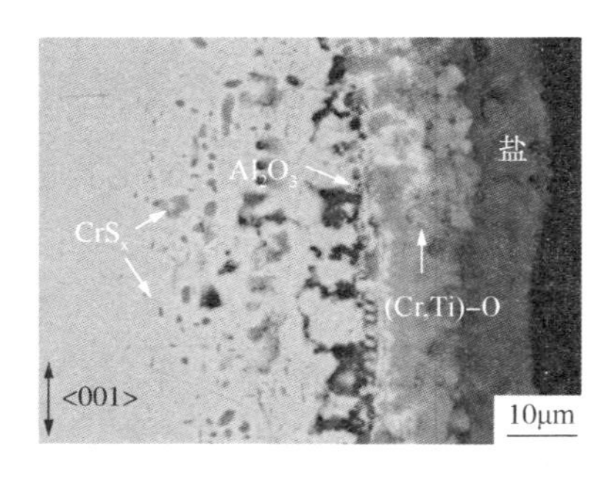

图4-18　E7合金在950℃热腐蚀160h后的截面形貌

4.5 分析与讨论

4.5.1 900℃时 Re 的作用机理

如 3.4 节中所述热腐蚀机理，合金热腐蚀开始之后，样品上会形成一个包含外氧化层、内氧化层以及内硫化层的三层腐蚀层结构。由于 E1 和 E7 合金中 Cr 含量较高，因此，在实验开始之后，E1 和 E7 样品表面都形成了以 Cr_2O_3为主、包含其他复杂氧化物及尖晶石的外氧化层，在样品内部生成了 Al_2O_3内氧化层和包含 CrS_x的内硫化层。随着热腐蚀的进行，外氧化层不断增厚，与此同时，外层的氧化物也会与熔盐发生反应。Cr_2O_3在 Na_2SO_4中缓慢溶解产生黄色的物质 Na_2CrO_4，因此在热腐蚀进行一段时间之后两个合金样品表面呈现出黄绿色的形貌。

4.5.1.1 E1 的热腐蚀过程

随着热腐蚀的进行，E1 合金中的 Cr 不足以维持表面 Cr_2O_3膜的生长，NiO 开始出现，且 NiO 比 Cr_2O_3生长更加迅速[47]。随后，部分 NiO 和之前生成的 TiO_2发生固态反应，生成 $NiTiO_3$。因此，在 100h 后很短的时间内，一个以 NiO 为主、含有 $NiTiO_3$的氧化膜在 E1 合金表面生成。随着热腐蚀的进行，样品内部会形成大量的内氧化物和内硫化物[77]，这些内腐蚀产物的 PBR(Pilling - Bed - worth Ratio：氧化物与形成该氧化物消耗的金属的体积比)值较大，如 $PBR_{Al_2O_3}=1.28$，$PBR_{CrS_x}=2.8\sim3.87$，$PBR_{NiS_x}=2.46\sim4.18$，它们的存在使基体内部产生较大的压应力，基体和氧化层会通过变形，即产生凸起，来释放压应力。在变形过程中，氧化物层中会产生拉应力，如图 4 - 19 所示。如果氧化层的塑性及黏附性较差，则变形会导致氧化层中产生如图 4 - 5 所示的剥落和裂纹。另外，由于各氧化层之间的力学性质不同，各层之间也会发生剥离，产生如图 4 - 5 中所示的横向裂纹。

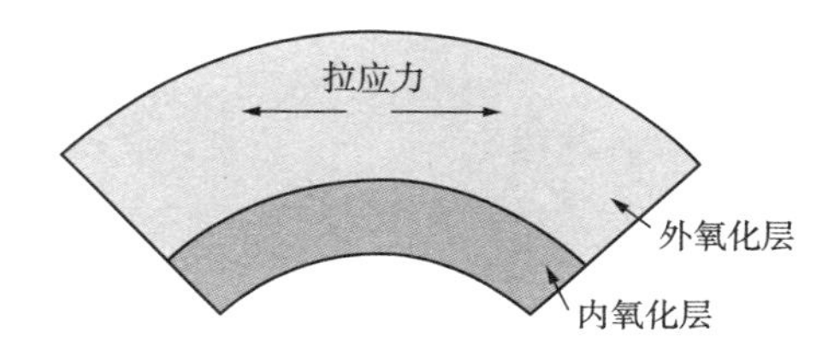

图 4 - 19　凸起结构及受力示意图

100h 之后，腐蚀介质经由不耐腐蚀的 NiO[44,46,53,65] 层以及开裂的凸起区域进入氧化膜内部(图 4 - 6)，引起 E1 合金上 NiO 的溶解(图 4 - 7)，即发生熔融反应[119]。对比图 4 - 6(a)、图 4 - 7(c)和图 4 - 7(d)可发现，图 4 - 6(a)中的盐呈深灰色的大块状，而图 4 - 7(c)和图 4 - 7(d)中的盐呈颗粒状。这是因为在 120h 时盐刚刚渗入氧化层中，还没有开始溶解氧化物，因此盐冷却后呈颜色一致的深灰色块状。图 4 - 7(c)中的熔融区呈深灰色，而图 4 - 7(d)中的熔融区为灰白色。这是因为，140h 后熔盐中的 O^{2-} 开始聚集，开始溶解 NiO 及其他氧化物，并形成对应的氧化物粒子。此时，熔盐中的氧化物粒子较少，因此熔融区呈熔盐本身的深灰色。随后，氧化物粒子向熔盐/空气界面运动，并在此处分解为对应的氧化物和 O^{2-}。再次析出的氧化物在熔盐/空气界面形成薄氧化物层[图 4 - 7(a)，图 4 - 7(c)和图 4 - 8]。200h 时熔融反应已经进行得较为充分，熔盐中溶解有更多的氧化物粒子，因此熔融区呈现出灰白色。

熔融反应结束后，经过溶解再析出的氧化物形成了一个疏松多孔的氧化层，变形和开裂加剧[图 4－7(b)]。

由公式(3－1)可知，O^{2-}的消耗将引起硫活度上升。因此，在外层氧化物发生熔融反应的同时，合金内部的硫化反应也在同步进行。由于 E1 合金中 Cr 含量不足，合金中生成了液态的 NiS_x[图 4－7(f)和图 4－7(g)]。液态硫化物的生成加速了离子的扩散，加快了热腐蚀速率。

4.5.1.2 E7 的热腐蚀过程

与 E1 合金不同，100h 前 E7 合金生成了许多含 Ti 产物，如 TiO_2，(Cr，Ti)TaO_4和 $Na_2Cr_2Ti_6O_{16}$。在实验初期，合金上的氧化膜较薄，因此，通过 XRD 可以同时检测到 Cr_2O_3和 TiO_2的存在。随着热腐蚀的进行，Cr_2O_3大量生成。与此同时，TiO_2和对应的氧化物发生固态反应，生成(Cr，Ti)TaO_4和 $Na_2Cr_2Ti_6O_{16}$。由于完整致密的 Cr_2O_3膜能有效抵御氧和硫向内扩散，因此，E7 合金上凸起出现以及熔盐向内渗透都较 E1 合金要晚。

由于 Cr_2O_3中可以溶解大量的 Ti，且 Ti 比 Cr 运动更快，TiO_2会在 Cr_2O_3之上形成[134]。TiO_2和掺杂于 Cr_2O_3中的 NiO 反应生成 $NiTiO_3$，如公式(4－1)所示。

$$TiO_2 + NiO = NiTiO_3,\ (\Delta G(900℃) = -12.177kJ) \tag{4-1}$$

(以上计算采用 HSC Chemistry® version 6.0，Outokumpu Research Oy，Finland 进行)。Cr_2O_3和尖晶石 $NiTiO_3$都可以有效抵抗 Na_2SO_4引起的热腐蚀。

由于保护性氧化膜的存在，E7 合金上的熔盐一直分布于样品表面，而没有渗入氧化膜内部。形成稳定的盐膜是 E7 合金获得优异抗热腐蚀性能的又一因素。根据公式(1－12)，Cr_2O_3 的碱性熔融速率受氧分压(P_{O_2})影响。盐膜的存在降低了 Cr_2O_3 膜/熔盐界面处的氧分压，此处 Cr_2O_3 的熔融速率也因此降低，Cr_2O_3 膜的完整致密性得以维持。盐膜的存在和 Cr_2O_3 膜的稳定生长形成良性循环，因此，E7 合金上的氧化膜在整个热腐蚀过程中能够保持稳定存在。

4.5.1.3　Re 对镍基单晶高温合金热腐蚀行为的影响

从实验现象上看，本实验中含 Re 与不含 Re 合金的热腐蚀行为差异在于：

(1) E7 遵循多段抛物线规律，热腐蚀孕育期较 E1 要长。

(2) E7 合金上的 Cr_2O_3 膜持续时间更长且生成了更多的含 Ti 产物。E7 合金上的 $NiTiO_3$ 层较 E1 更为完整。

(3) E1 合金样品表面凸起的出现伴随着小裂纹的产生，而 E7 合金的表面凸起出现之后样品没有出现进一步的破坏。

由于热腐蚀行为受扩散行为影响，而扩散行为受元素活度影响，因此分析认为，E7 合金优异的抗热腐蚀性能得益于 Re 提高了 Cr 元素和 Ti 元素的活度。一方面，E7 中的 Cr 活度提高可以延长 Cr_2O_3 膜稳定存在的时间，促进 Cr_2O_3 膜的自愈，抑制 NiO 的生成。另一方面，Ti 活度提高促使更多 TiO_2 生成，将易腐蚀的 NiO 固定为保护性尖晶石 $NiTiO_3$。最后，在热腐蚀的初期，由于活性元素向外扩散，使得贫化区 Re 的相对含量上升，在腐蚀层前沿形成了一个 Re 的富集层(图 4－12)，这一富集层可以降低活性元素(如 Ni 等)向外扩散的速率以及氧和硫向内扩散的速率，降低热腐蚀速率。

E7 合金的多段抛物线热腐蚀动力学是由于 Cr_2O_3 膜中的裂纹周期性的开合导致的。Lillerud 在进行 Cr 的氧化实验时也曾观察到分段抛物线[136,137]。由于 E7 合金中 Cr 活度的提高，当 Cr_2O_3膜被腐蚀出微裂纹时，更多的 Cr 可以源源不断地扩散到外氧化膜处，使得 E7 上的 Cr_2O_3膜周期性的自愈。

4.5.2 温度对合金热腐蚀行为的影响

由实验结果可以看到，当温度从 900℃ 上升到 950℃，合金的热腐蚀孕育期缩短。与 900℃相比，含 Re 合金 E7 的腐蚀层组织并没有发生较大的变化，在实验时间内也没有发生样品的加速腐蚀。而无 Re 合金 E1 的热腐蚀孕育期延长了 40h，但样品没有经过缓慢的熔融反应就发生了严重的剥落(图 4－14)，且破坏更加突然和彻底。同时，950℃下 E1 合金的腐蚀产物中发现了更多的 NiS_x。

这是因为，随着温度由 900℃ 上升到 950℃，Cr_2O_3 和 Na_2CrO_4的挥发加快，在热腐蚀过程中，下列反应：

$$Cr_2O_3 + Na_2O + 1.5O_2 \Longrightarrow Na_2CrO_4 \quad (4-2)$$

[62]

向右进行加快，Cr_2O_3 的消耗加快，Cr 的贫化加速，因此 950℃时 E1 合金表面的 NiO 生成更快，NiS_x更多，造成 E1 合金在 950℃发生迅速且大面积的剥落。

4.6 本章小结

本章研究了 2%（质量分数）Re 对合金抗热腐蚀性能的影响，分析了其作用机理，主要结论如下：

（1）含 Re 合金的热腐蚀动力学遵循分段抛物线规律，Re 延长了合金的热腐蚀孕育期，降低了合金热腐蚀行为对温度的敏感性。

（2）无 Re 合金在热腐蚀初期形成完整的 Cr_2O_3 膜，内部硫化物为 CrS_x；随着 Cr 的消耗及贫化，表面逐渐被 NiO 覆盖，合金的内硫化产物变为 CrS_x 和 NiS_x。含 Re 合金的表面一直保持完整的 Cr_2O_3 膜，内硫化产物为 CrS_x。

（3）Re 可以极大地提高合金的抗热腐蚀性能。这可能是因为：

① Re 提高了合金中 Cr 的活度，使得合金含有较少的 Cr 就可以维持表面 Cr_2O_3 膜的生长，并促进膜中微裂纹的愈合。

② 在贫化区形成 Re 的富集层，降低元素的扩散速率。

参考文献

[1] 郭建亭. 高温合金材料学(基础理论篇)[M]. 北京：科学出版社，2008.

[2] 黄乾尧，李汉康. 高温合金[M]. 北京：冶金工业出版社，2000.

[3] R. C. Reed. The Superalloys：Fundamentals and Applications [J]. Cambridge：Cambridge University Press，2006.

[4] E. W. Ross，K. S. O′hara. Rene N4：A first generation single crystal turbine airfoil alloy with improved oxidation resistance，low angle boundary strength and superior long time rupture strength [J]. Superalloys 1996. Warrendale，PA：TMS，1996，19 –25.

[5] C. T. Sims，N. S. Stoloff，W. C. Hagel. Superalloy II：High Temperature Materials for Aerospace and Industrial Power [J]. New York：John Wiley & Sons，1987.

[6] 郑运荣，张德堂. 高温合金与钢的彩色金相研究[M]. 北京：国防工业出版社，1999.

[7] 陈国良. 高温合金学[M]. 北京：冶金工业出版社，1987.

[8] 师昌绪，仲增墉. 中国高温合金 40 年[J]. 金属学报，1997 (33)：1 –8.

[9] 陈荣章，王罗宝，李建华. 铸造高温合金发展的回顾与展望[J]. 航空材料学报，2000 (20)：55 –61.

[10] 蔡玉林，郑运荣. 高温合金金相研究[M]. 北京：国防工业出版社，1986. 93 –156.

[11] M. Konter, M. Thumann. Materials and manufacturing of advanced industrial gas turbine components[J]. Journal of Materials Processing Technology. 2001 (117): 386 -390.

[12] 廖华清，唐亚俊，张静华，等．燃气轮机抗热腐蚀 DD8 单晶叶片材料及其应用研究[J]．材料工程，1992: 17 -20.

[13] S. A. Sajjadi, S. Nategh, R. I. L. Guthrie. Study of microstructure and mechanical properties of high performance Ni-base superalloy GTD -111[J]. Materials Science and Engineering. 2002 (A325): 484 -489.

[14] W. H. Chang. Tensile embrittlement of turbine blade alloys after high-temperature exposure [M]. General Electric Co., Cincinnati. 1972.

[15] G. L. Erickson. The development of the CMSX -11B and CMSX -11C alloys for industrial gas turbine application. Superalloys 1996[J]. Warrendale, PA: TMS, 1996, 45 -52.

[16] 刘成宝，张健，楼琅洪．一种抗热腐蚀镍基单晶高温合金．中国．200710082440. 6.

[17] R. Burgel, J. Grossmann, O. Lusebrink, H. Mughrabi, F. Pyczak, R. F. Singer, A. Volek. Development of a new alloy for directional solidification of large industrial gas turbine blades. Superalloys 2004 [J]. Warrendale, PA: TMS, 2004, 25 -34.

[18] A. Volek, R. F. Singer. Influence of solidification conditions on TCP phase formation, casting porosity and high temperature mechanical properties in a Re-containing nickel-base

superalloy with columnar grain structure [J]. Superalloys 2004. Warrendale, PA: TMS, 2004, 713 – 718.

[19] B. C. Collins. Modified PWA 1483 nickel-based superalloy for industrial gas turbine applications. Master Dissertation [J]. University of Florida. 2007.

[20] R. C. Reed, J. J. Moverare, A. Sato, F. Karlsson, M. Hasselqvist. A new single crystal superalloy for power generation applications. Superalloys 2012 [J]. Warrendale, PA: TMS, 2012, 197 – 204.

[21] Y. Murata, R. Hashizurne, A. Yoshinari, N. Aoki, M. M. Fukni. Alloying effects on surface stability and creep strength of nickel based single crystal superalloys containing 12mass% Cr. Superalloys 2000 [J]. Warrendale, PA: TMS, 2000, 285 – 294.

[22] H. Basoalto, S. Sondhi, B. Dyson, M. Mclean. A generic microstructure-explicit model of creep in nickel-base superalloys. Superalloys 2004 [J]. Warrendale, PA: TMS, 2004, 897 – 906.

[23] R. Sidhu, O. Ojo, M. Chaturvedi. Microstructural response of directionally solidified René 80 superalloy to gas-tungsten arc welding [J]. Metall and Mat Trans A. 2009 (40): 150 – 162.

[24] G. L. Erickson. Hot corrosion resistant single crystal nickel @ superalloys-contains chromium@, cobalt@, molybdenum@, tungsten@, tantalum, niobium, aluminium@, titanium@ and hafnium. EP684321 – A.

[25] G. L. Erickson. Corrosion-resistant nickel-based superalloy

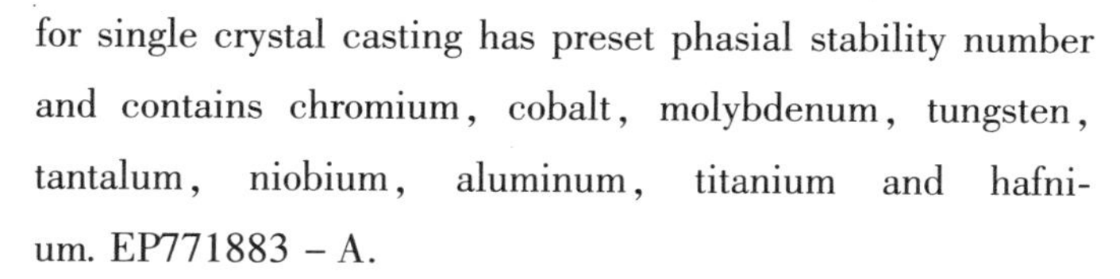

for single crystal casting has preset phasial stability number and contains chromium, cobalt, molybdenum, tungsten, tantalum, niobium, aluminum, titanium and hafnium. EP771883 – A.

[26] C. S. Giggins, F. S. Pettit. Oxidation of Ni – Cr – Al alloys between 1000 degrees and 1200 degrees C. J[J]. Electrochem. Soc. 1971 (118): 1782 – 1790.

[27] G. R. Wallwork, A. Z. Hed. Some limiting factors in use of alloys at high temperatures[J]. Oxidation of Metals. 1971 (3): 171 – 184.

[28] P. C. Felix. Evaluation of gas turbine materials by corrosion rig tests[J]. London: Appl Sci Pub., 1972. 331 – 338.

[29] 刘成宝，李辉，楼琅洪. 镍基单晶高温合金 DD10 的恒温氧化行为[J]. 稀有金属材料与工程. 2010: 1407 – 1410.

[30] R. T. Wu, R. C. Reed. On the compatibility of single crystal superalloys with a thermal barrier coating system[J]. Acta Materialia. 2008 (56): 313 – 323.

[31] S. W. Yang. Effect of Ti and Ta on the oxidation of a complex superalloy[J]. Oxidation of Metals. 1981 (15): 375 – 397.

[32] C. A. Barrett, R. V. Miner, D. R. Hull. The effects of Cr, Al, Ti, Mo, W, Ta and Cb on the cyclic oxidation behavior of cast Ni-base superalloys at 1100 and 1150℃[J]. Oxidation of Metals. 1983 (20): 255 – 278.

[33] F. Wu, H. Murakami, A. Suzuki. Development of an iridium-tantalum modified aluminide coating as a diffusion barri-

er on nickel-base single crystal superalloy TMS－75[J]. Surface and Coatings Technology. 2003 (168): 62－69.

[34] P. Kuppusami, H. Murakami. Effect of Ta on microstructure and phase distribution in cyclic oxidized Ir-Ta modified aluminide coatings on nickel base single crystal superalloy. Mater. Sci. Eng. A-Struct. Mater. Prop[J]. Microstruct. Process. 2007 (452): 254－261.

[35] N. Czech, F. Schmitz, W. Stamm. Improvement of MCrAlY coatings by addition of rhenium. Surface & Coatings Technology. 1994 (68): 17－21.

[36] W. Beele, N. Czech, W. J. Quadakkers, W. Stamm. Long-term oxidation tests on a Re-containing MCrAlY coating. Surface & Coatings Technology. 1997 (94－5): 41－45.

[37] M. A. Phillips, B. Gleeson. Beneficial effects of rhenium additions on the cyclic-oxidation resistance of beta-NiAl＋alpha-Cr alloys. Oxidation of Metals. 1998 (50): 399－429.

[38] B. A. Pint, J. A. Haynes, K. L. More, I. G. Wright, C. Leyens. Compositional effects on aluminide oxidation performance: Objectives for improved bond coats. Superalloys 2000. Warrendale, PA: TMS, 2000, 629－638.

[39] K. Kawagishi, A. Sato, T. Kobayashi, H. Harada. The Joint Symposium of IMR, KIMM and NIMS, Superalloy and Advanced Processing. Shenyang, China: 2005.

[40] M. Moniruzzaman, Y. Murata, M. Morinaga, R. Hashizume, A. Yoshinari, Y. Fukui. Alloy design of Ni-based single crystal superalloys for the combination of strength and

surface stability at elevated temperatures. ISIJ Int. 2003 (43): 1244 - 1252.

[41] M. Moniruzzaman, M. Maeda, Y. Murata, M. Morinaga. Degradation of high-temperature oxidation resistance for Ni-based alloys by Re addition and the optimization of Re/Al content. ISIJ Int. 2003 (43): 386 - 393.

[42] C. T. Liu, X. F. Sun, H. R. Guan, Z. Q. Hu. Effect of rhenium addition to a nickel-base single crystal superalloy on isothermal oxidation of the aluminide coating. Surface & Coatings Technology. 2005 (194): 111 - 118.

[43] L. Huang, X. F. Sun, H. R. Guan, Z. Q. Hu. Improvement of the oxidation resistance of NiCrAlY coatings by the addition of rhenium. Surface and Coatings Technology. 2006 (201): 1421 - 1425.

[44] R. A. Rapp. Hot corrosion of materials: a fluxing mechanism? Corrosion Science. 2002 (44): 209 - 221.

[45] 李美栓. 金属的高温腐蚀[M]. 北京：冶金工业出版社, 2001.

[46] D. J. Young. High Temperature Oxidation and Corrosion of Metals. Oxford: Elsevier Science, 2008.

[47] N. Birks, G. H. Meier, F. S. Pettit. Introduction to the high temperature oxidation of metals. Cambridge: Cambridge University Press, 2006.

[48] J. Stringer. High-temperature corrosion of superalloys. Labour Hist. Rev. 1987 (3): 482 - 493.

[49] E. L. Simons, G. V. Browning, H. A. Liebhatsky. Sodium sulfate in gas turbines. Corrosion. 1955 (11): 505 - 514.

[50] A. U. Seybolt. Contribution to the study of hot corrosion. Trans. AIME 1968 (242): 1955 – 1961.

[51] R. Z. Zhu, M. J. Guo, Y. Zuo. A study of the mechanism of internal sulfidation-internal oxidation during hot corrosion of ni-base alloys. Oxidation of Metals. 1987 (27): 253 – 265.

[52] 朱日彰，左禹，郭曼玖．镍基高温合金热腐蚀过程中内硫化－内氧化机制的探讨[J]．金属学报，1985 (21): 451 – 455.

[53] J. A. Goebel, F. S. Pettit. Na_2SO_4-induced accelerated oxidation (hot corrosion) of nickel. Metallurgical Transactions. 1970 (1): 1943 – 1954.

[54] J. A. Goebel, F. S. Pettit, G. W. Goward. Mechanisms for the hot corrosion of nickel-base alloys. Metallurgical Transactions. 1973 (4): 261 – 278.

[55] R. A. Rapp, K. S. Goto. Chemistry and electrochemistry of hot corrosion of metals. Mater. Sci. Eng. 1987 (87): 319 – 327.

[56] 张允书，石声泰．热腐蚀的电化学机理初探[J]．腐蚀科学与防护技术，1993 (5): 23 – 31.

[57] 曾潮流．高温热腐蚀的电化学评定[D]．中国科学院金属研究所，1991.

[58] C. L. Zeng, T. Zhang. Electrochemical impedance study of corrosion of B – 1900 alloy in the presence of a solid Na_2SO_4 and a liquid 25wt. % NaCl – 75wt. % Na_2SO_4 film at 800℃ in air. Electrochim. Acta. 2004 (49): 1429 – 1433.

[59] C. L. Zeng, Z. J. Feng, Y. Liu. Electrochemical impedance study of hot corrosion of the Mo-rich Ni_3Al-base alloy IC6 at 750 ~ 800℃ beneath solid Na_2SO_4 deposits. Oxidation of

Metals. 2011 (76): 83 –92.

[60] K. L. Luthra, D. A. Shores. Mechanism of Na_2SO_4 induced corrosion at 600-degrees-C-900-degrees-C. J. Electrochem. Soc. 1980 (127): 2202 –2210.

[61] G. C. Fryburg, F. J. Kohl, C. A. Stearns, W. L. Fielder. Chemical-reactions involved in the initiation of hot corrosion of B-1900 and NASA-TRW VIA. J. Electrochem. Soc. 1982 (129): 571 –585.

[62] N. Otsuka, R. A. Rapp. Effects of chromate and vanadate anions on the hot corrosion of preoxidized ni by a thin fused Na_2SO_4 film at 900-degrees-C. J. Electrochem. Soc. 1990 (137): 53 –60.

[63] M. Mobin, A. U. Malik. Studies on the interactions of transition metal oxides and sodium sulfate in the temperature range 900 ~ 1200 K in oxygen. J. Alloy. Compd. 1996 (235): 97 –103.

[64] C. O. Park, R. A. Rapp. Electrochemical reactions in molten Na_2SO_4 at 900° C. J. Electrochem. Soc. 1986 (133): 1636 –1641.

[65] D. K. Gupta, R. A. Rapp. The solubilities of NiO, Co_3O_4 and ternary oxides in fused Na_2SO_4 at 1200 – degrees – K. J. Electrochem. Soc. 1980 (127): 2194 –2202.

[66] Y. S. Zhang. Solubilities of Cr_2O_3 in fused Na_2SO_4 at 1200 – K. J. Electrochem. Soc. 1986 (133): 655 –657.

[67] P. D. Jose, D. K. Gupta, R. A. Rapp. Solubility of alpha – Al_2O_3 in fused Na_2SO_4 at 1200 – K. J. Electrochem. Soc. 1985 (132): 735 –737.

[68] G. C. Fryburg, C. A. Stearns, F. J. Kohl. Mechanism of beneficial effect of tantalum in hot corrosion of nickel-base superalloys. J. Electrochem. Soc. 1977 (124): 1147 – 1148.

[69] G. C. Fryburg, F. J. Kohl, C. A. Stearns. Chemical-reactions involved in the initiation of hot corrosion of IN – 738. J. Electrochem. Soc. 1984 (131): 2985 – 2997.

[70] R. Bianco, R. A. Rapp, J. L. Smialek. Chromium and reactive element modified aluminide diffusion coatings on superalloys-environmental testing. J. Electrochem. Soc. 1993 (140): 1191 – 1203.

[71] I. Gurrappa. Hot corrosion behavior of CM247LC alloy in Na_2SO_4 and NaCl environments. Oxidation of Metals. 1999 (51): 353 – 382.

[72] C. Leyens, I. G. Wright, B. A. Pint. Effect of experimental procedures on the cyclic, hot-corrosion behavior of NiCoCrAlY-type bondcoat alloys. Oxidation of Metals. 2000 (54): 255 – 276.

[73] N. Eliaz, G. Shemesh, R. M. Latanision. Hot corrosion in gas turbine components. Engineering Failure Analysis. 2002 (9): 31 – 43.

[74] V. Deodeshmukh, N. Mu, B. Li, B. Gleeson. Hot corrosion and oxidation behavior of a novel Pt + Hf-modified gamma′ – Ni_3Al + gamma-Ni-based coating. Surface and Coatings Technology. 2006 (201): 3836 – 3840.

[75] I. Gurrappa, A. Wilson, H. L. Du, J. Burnell-Gray, P. K. Datta. Hot corrosion behavior of newly developed nickel based superalloy and comparison with other alloys. ECS

Transactions. 2008 (24): 105 - 115.

[76] G. M. Liu, F. Yu, J. H. Tian, J. H. Ma. Influence of pre-oxidation on the hot corrosion of M38G superalloy in the mixture of Na_2SO_4 - NaCl melts. Materials Science and Engineering A. 2008 (496): 40 - 44.

[77] A. Pfennig, B. Fedelich. Oxidation of single crystal PWA 1483 at 950℃ in flowing air. Corrosion Science. 2008 (50): 2484 - 2492.

[78] N. J. Simms, A. Encinas-Oropesa, J. R. Nicholls. Hot corrosion of coated and uncoated single crystal gas turbine materials. Materials and Corrosion-Werkstoffe Und Korrosion. 2008 (59): 476 - 483.

[79] E. Liuy, Z. Zheng, X. Guan, J. Tong, L. Ning, Y. Yu. Influence of pre-oxidation on the hot corrosion of DZ68 superalloy in the mixture of Na_2SO_4 - NaCl. J. Mater. Sci. Technol. 2010: 895 - 899.

[80] S. M. Jiang, H. Q. Li, J. Ma, C. Z. Xu, J. Gong, C. Sun. High temperature corrosion behaviour of a gradient NiCoCrAlYSi coating II: Oxidation and hot corrosion. Corrosion Science. 2010 (52): 2316 - 2322.

[81] V. Deodeshmukh, B. Gleeson. Effects of platinum on the hot corrosion behavior of Hf-modified gamma′-Ni_3Al + gamma-Ni-based Alloys. Oxidation of Metals. 2011 (76): 43 - 55.

[82] M. Qiao, C. Zhou. Hot corrosion behavior of Co modified NiAl coating on nickel base superalloys. Corrosion Science. 2012 (63): 239 - 245.

[83] N. S. Bornstein, M. A. Decresce. Role of sodium in acceler-

ated oxidation phenomenon termed sulfidation. Metallurgical Transactions. 1971 (2): 2875 -2883.

[84] N. S. Bornstein, M. A. Decresce, H. A. Roth. Relationship between relative oxide ion content of NA_2SO_4, presence of liquid-metal oxides and sulfidation attack. Metallurgical Transactions. 1973 (4): 1799 -1810.

[85] J. S. Zhang, Z. Q. Hu, Y. Murata, M. Morinaga, N. Yukawa. Design and development of hot corrosion-resistant nickel-base single-crystal superalloys by the d-electrons alloy design theory. 1. Characterization of the phase-stability. Metallurgical Transactions a-Physical Metallurgy and Materials Science. 1993 (24): 2443 -2450.

[86] D. M. Shah, A. Cetel. Evaluation of PWA1483 for large single crystal IGT blade applications. Superalloys 2000. Warrendale, PA: TMS, 2000, 295 -304.

[87] I. Okada, T. Torigoe, K. Takahashi, D. Izutsu. Development of Ni base superalloy for industrial gas turbine. Superalloys 2004. Warrendale, PA: TMS, 2004, 707 -712.

[88] F. S. Pettit, G. H. Meier. Oxidation and hot corrosion of superalloys. Superalloys 1984. Warrendale, PA: TMS, 1984, 651 -687.

[89] S. M. Seo, I. S. Kim, J. H. Lee. Eta phase and boride formation in directionally solidified Ni-base superalloy IN792 + Hf. Metall. Mater. Trans. A. 2007 (38): 883 -893.

[90] L. J. Billingham J, Lawn R E, Et Al. Optimisation of Ti/Al ratio in a nickel-base superalloy for service in marine turbines. Deposition and corrosion in gas turbines. In: Hart A

B, Cutler A J B. London: Appl Sci Pub., 1972, 229 - 243.

[91] 韩汾汾. Al、Ti、Ta 对镍基定向高温合金组织与性能的影响[D]. 中国科学院金属研究所, 2012.

[92] 李淑云, 关德林. 镍基高温合金中钴对抗热腐蚀性能的影响[J]. 黑龙江冶金, 2002 (1): 5 - 8.

[93] H. Morrow, D. L. Sponseller, E. Kalns. The effects of molybdenum and aluminum on the hot corrosion (sulfidation) behavior of experimental nickel-base superalloys. Metallurgical Transactions. 1974 (5): 673 - 683.

[94] K. R. Peters, D. P. Whittle, J. Stringer. Oxidation and hot corrosion of nickel-based alloys containing molybdenum. Corrosion Science. 1976 (16): 791 - 799.

[95] A. K. Misra. Mechanism of Na_2SO_4 - induced corrosion of molybdenum containing nickel-base superalloys at high-temperatures. 2. corrosion in $O_2 + SO_2$ atmospheres. J. Electrochem. Soc. 1986 (133): 1038 - 1042.

[96] T. S. Sidhu, R. D. Agrawal, S. Prakash. Hot corrosion of some superalloys and role of high-velocity oxy-fuel spray coatings—a review. Surface and Coatings Technology. 2005 (198): 441 - 446.

[97] F. F. Han, J. X. Chang, H. Li, L. H. Lou, J. Zhang. Influence of Ta content on hot corrosion behaviour of a directionally solidified nickel base superalloy. J. Alloy. Compd. 2015 (619): 102 - 108.

[98] J. S. Zhang, Z. Q. Hu, Y. Murata, M. Morinaga, N. Yukawa. Design and development of hot corrosion-resistant nickel-base single-crystal superalloys by the d-electrons alloy

design theory. 2. Effects of refractory-metals Ti, Ta and Nb on microstructures and properties. Metallurgical Transactions a-Physical Metallurgy and Materials Science. 1993 (24): 2451 - 2464.

[99] H. Cui, J. S. Zhang, Y. Murata, M. Morinaga, N. Yukawa. Hot corrosion behavior of Ni-based superalloy with high Cr contents-part 1. experimental study. Journal of University of Science and Technology Beijing(English Edition). 1996: 90 + 84 - 89.

[100] Y. Murata, S. Miyazaki, M. Morinaga, R. Hashizume. Hot corrosion resistant and high strength nickel-based single crystal and directionally-solidified superalloys developed by the d-electrons concept. Superalloys 1996. Warrendale, PA: TMS, 1996, 61 - 70.

[101] K. Matsugi, Y. Murata, M. Morinaga, N. Yukawa. An electronic approach to alloy design and its application to Ni-based single-crystal superalloys. Materials Science and Engineering A. 1993 (172): 101 - 110.

[102] A. F. Giamei, D. L. Anton. Rhenium additions to a Ni-base superalloy-effects on microstructure. Metallurgical Transactions a-Physical Metallurgy and Materials Science. 1985 (16): 1997 - 2005.

[103] K. Matsugi, Y. Murata, M. Morinaga, N. Yukawa. Realistic advancement for nickel-based single crystal superalloys by the d-electrons concept. Superalloys 1992. Warrendale, PA: TMS, 1992, 307 - 316.

[104] K. Matsugi, M. Kawakami, Y. Murata, M. Morinaga, N.

Yukawa, T. Takayanagi. Alloying effects of Cr and Re on the hot-corrosion of nickel-based single-crystal superalloys coated with a Na_2SO_4-NaCl salt. Tetsu to Hagane-Journal of the Iron and Steel Institute of Japan. 1992 (78): 821 - 828.

[105] R. Hashizume, A. Yoshinari, T. Kiyono, Y. Murata, M. Morinaga. Development of Ni-based single crystalsuperalloys for power-generation gas turbines. Superalloys 2004. Warrendale, PA: TMS, 2004, 53 - 62.

[106] 黄粮．几种高温合金及其防护涂层的高温腐蚀行为[D]．中国科学院金属研究所，2006.

[107] 陈荣章．单晶高温合金发展现状[J]．材料工程，1995: 3 - 12.

[108] 陈容章．第三代单晶高温合金 Rene N6 和 CMSX - 10. 1995.

[109] G. L. Erickson. The development and application of CMSX - 10. Superalloys 1996. Warrendale, PA: TMS, 1996, 35 - 44.

[110] 李嘉荣，唐定中，陈荣章．铼在单晶高温合金中的作用[J]．材料工程，1997: 3 - 7.

[111] Y. Matsumura, M. Fukumoto, S. Hayashi, A. Kasama, I. Iwanaga, R. Tanaka, T. Narita. Oxidation behavior of a Re-base diffusion-barrier/beta-NiAl coating on Nb-5Mo-15W at high temperatures. Oxidation of Metals. 2004 (61): 105 - 124.

[112] K. L. Luthra. Low-temperature hot corrosion of cobalt-base alloys. 1. Morphology of the reaction-product. Metallurgical

Transactions a-Physical Metallurgy and Materials Science. 1982 (13): 1843 – 1852.

[113] K. L. Luthra. Low-temperature hot corrosion of cobalt-base alloys. 2. Reaction-mechanism. Metallurgical Transactions a-Physical Metallurgy and Materials Science. 1982 (13): 1853 – 1864.

[114] D. G. Lees. On the reasons for the effects of dispersions of stable oxides and additions of reactive elements on the adhesion and growth-mechanisms of chromia and alumina scales-the "sulfur effect". Oxidation of Metals (27): 75 – 81.

[115] P. Y. Hou, J. Stringer. Oxide scale adhesion and impurity segregation at the scale/metal interface. Oxidation of Metals. 1992 (38): 323 – 345.

[116] H. J. Grabke, D. Wiemer, H. Viefhaus. Segregation of sulfur during growth of oxide scales. Applied Surface Science. 1991 (47): 243 – 250.

[117] H. J. Grabke, G. Kurbatov, H. J. Schmutzler. Segregation beneath oxide scales. Oxidation of Metals. 1995 (43): 97 – 114.

[118] H. J. Grabke. Oxidation of NiAl and FeAl. Intermetallics. 1999 (7): 1153 – 1158.

[119] R. A. Rapp, K. S. Goto. Hot corrosion of metals by molten salts, Molten Salts 1. Pennington, NJ: Electrochem. Soc., 1981.

[120] D. J. Young, W. W. Smeltzer, J. S. Kirkaldy. Nonstoichiometry and thermodynamics of chromium sulfides. J. Elec-

trochem. Soc. 1973 (120): 1221 -1224.

[121] S. R. Shatynski. Thermochemistry of transition-metal sulfides. Oxidation of Metals. 1977 (11): 307 -320.

[122] C. S. Giggins, F. S. Pettit. Oxidation of Ni-Cr alloys between 800 degrees and 1200 degrees C. Transactions of the Metallurgical Society of Aime. 1969 (245): 2495 -2501.

[123] C. E. Campbell, W. J. Boettinger, U. R. Kattner. Development of a diffusion mobility database for Ni-base superalloys. Acta Materialia. 2002 (50): 775 -792.

[124] A. Martinez-Villafane, F. H. Stott, J. G. Chacon-Nava, G. C. Wood. Enhanced oxygen diffusion along internal oxide-metal matrix interfaces in Ni-Al alloys during internal oxidation. Oxidation of Metals. 2002 (57): 267 -279.

[125] F. H. Stott, G. C. Wood, D. P. Whittle, B. D. Bastow, Y. Shida, A. Martinez-Villafane. The transport of oxygen to the advancing internal oxide front during internal oxidation of nickel-base alloys at high temperature. Solid State Ionics. 1984 (12): 365 -374.

[126] D. P. Whittle, Y. Shida, G. C. Wood, F. H. Stott, B. D. Bastow. Enhanced diffusion of oxygen during internal oxidation of nickel-base alloys. Philosophical Magazine a-Physics of Condensed Matter Structure Defects and Mechanical Properties. 1982 (46): 931 -949.

[127] C. Wagner, K. E. Zimens. Die oxydationsgeschwindigkeit von nickel bei kleinen zusatzen von chrom und manganbeitrag zur theorie des anlaufvorganges. Acta Chemica Scandinavica. 1947 (1): 547 -565.

[128] M. Frances, P. Steinmetz, J. Steinmetz, C. Duret, R. Mevrel. Hot corrosion behavior of low-pressure plasma sprayed NiCoCrAlY + Ta coatings on nickel-base superalloys. Journal of Vacuum Science & Technology a-Vacuum Surfaces and Films. 1985 (3): 2537 –2544.

[129] H. Koivuluoto, G. Bolelli, L. Lusvarghi, F. Casadei, P. Vuoristo. Corrosion resistance of cold-sprayed Ta coatings in very aggressive conditions. Surface & Coatings Technology. 2010 (205): 1103 –1107.

[130] C. A. Stearns, F. J. Kohl, G. C. Fryburg. Oxidative vaporization kinetics of Cr_2O_3 in oxygen from 1000 degrees to 1300 degrees C. J. Electrochem. Soc. 1974 (121): 945 –951.

[131] C. S. Tedmon. Effect of oxide volatilization on oxidation kinetics of Cr and Fe-Cr alloys. J. Electrochem. Soc. 1966 (113): 766 –768.

[132] M. Stanislowski, E. Wessel, K. Hilpert, T. Markus, L. Singheiser. Chromium vaporization from high-temperature alloys I. Chromia-forming steels and the influence of outer oxide layers. J. Electrochem. Soc. 2007 (154): 295 –306.

[133] P. Caron, T. Khan. Evolution of Ni-based superalloys for single crystal gas turbine blade applications. Aerosp. Sci. Technol. 1999 (3): 513 –523.

[134] K. A. Al-Hatab, F. S. Alariqi, M. A. Al-Bukhaiti, U. Krupp, M. Kantehm. Cyclic oxidation kinetics and oxide scale morphologies developed on the IN600 Superalloy. Oxidation of Metals. 2011 (76): 385 –398.

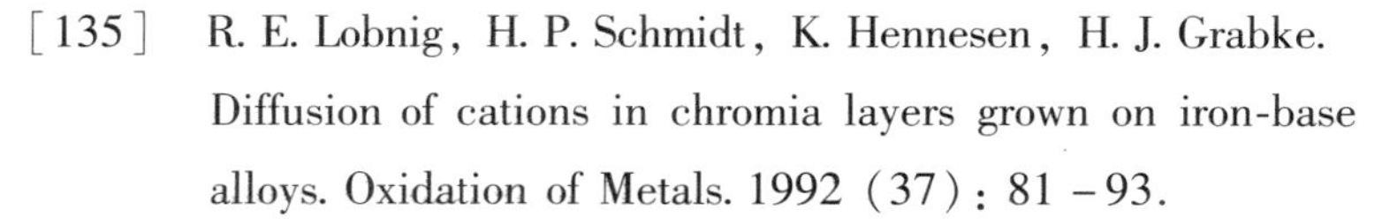

[135] R. E. Lobnig, H. P. Schmidt, K. Hennesen, H. J. Grabke. Diffusion of cations in chromia layers grown on iron-base alloys. Oxidation of Metals. 1992 (37): 81 –93.

[136] P. Kofstad, K. P. Lillerud. On high-temperature oxidation of chromium. 2. Properties of Cr_2O_3 and the oxidation mechanism of chromium. J. Electrochem. Soc. 1980 (127): 2410 –2419.

[137] K. P. Lillerud, P. Kofstad. On high-temperature oxidation of chromium. 1. Oxidation of annealed, thermally etched chromium at 800 – degrees – 1100 – degrees – C. J. Electrochem. Soc. 1980 (127): 2397 –2410.

[138] S. Han, D. J. Young. Simultaneous internal oxidation and nitridation of Ni – Cr – Al alloys. Oxidation of Metals. 2001 (55): 223 –242.